Fashion Hand-Made Decorative Flowers

时尚手作花饰

从入门到精通

李萌 著

化学工业出版社
·北京·

本书面向广大手作布艺造花爱好者收录和介绍了多款美观实用的布艺花的制作方法，通过图片和文字说明对制作过程和步骤进行了解说。书中作品皆可根据个人喜好和需要作为制作家居花饰摆设、胸针发饰等服饰装饰小物的参考。

书中所录的布艺造花作品制作工艺难度适中，操作也较为简单明了，易于上手，只需要基本的造花工具和材料即可完成，适合喜爱手工的造花初学者。

布艺造花的特色便是不同人有不同的风格，况且花有千貌，因此读者在今后的造花创作中不必过于拘泥于书中的操作步骤，比如染色大可随心所欲，不必小心翼翼，浓淡轻重可以根据自己的需求掌握好比例即可，花瓣的数量与组合可以活学活用，举一反三，定能制作出具有自己个人风格的花艺作品。

当你剪下片片花瓣，染出美好的颜色，细致地为每一片花瓣烫出优美的弧度，手指的揉捏赋予花瓣细腻的纹路表情，用心组合出一朵充满灵气的花朵时，心中定能感受到布艺造花所带来的无限乐趣与满足。

图书在版编目（CIP）数据

时尚手作花饰：从入门到精通／李萌著．—北京：化学工业出版社，2017.9

ISBN 978-7-122-30293-9

Ⅰ.①时…　Ⅱ.①李…　Ⅲ.①布料-手工艺品-制作　Ⅳ.①TS973.5

中国版本图书馆CIP数据核字（2017）第174254号

责任编辑：蔡洪伟　　装帧设计：王晓宇
责任校对：边　涛

出版发行：化学工业出版社（北京市东城区青年湖南街13号　邮政编码100011）
印　　装：北京彩云龙印刷有限公司
787mm×1092mm　1/16　印张9　字数194千字　2017年9月北京第1版第1次印刷

购书咨询：010-64518888（传真：010-64519686）　售后服务：010-64518899
网　　址：http://www.cip.com.cn
凡购买本书，如有缺损质量问题，本社销售中心负责调换。

定　　价：49.80元

前言

FOREWORD

美丽多姿的花卉给人们带来视觉上的享受，虽然不同的国家文化背景不同，但美丽的花朵大多代表着幸福美好的寓意，令人赏心悦目。人们自古就喜爱用花来装饰自己、美化家居，鲜花娇弱易逝，造花这一传统手工技艺便应运而生并且源远流长。

中国一千七百多年前就已经有了用丝织物制花的技艺。到了唐代，绢花更是妇女的主要装饰品，此后绢花制作逐渐传入了日本、朝鲜。至清代，受当时宫廷自上而下的影响，绢花是人们生活中必不可少的装饰品，如今作为国家非物质文化遗产的“北京绢花”制作曾一度达到了技术与艺术的发展顶峰，“京花”享誉国内，畅销多个国家。遗憾的是清末以后由于时代更迭和机器化大生产，造花手工艺在我国日渐没落，手工造花技艺的传承远远没有日本的系统和精深。幸而随着近年来对传统文化的重视及对非物质文化遗产的保护，越来越多的手工技艺在复苏，“工匠精神”得以传扬，中国的造花技艺也得以焕发新生。在欧洲，艺术造花从过去的宫廷陈设、室内装饰、贵族服装，到现代的高级时装定制，艺术造花技艺沿袭传承至今，如今造花技术被更广泛地运用到时装设计以及帽饰设计中。

手工布艺造花不同于机器批量生产的仿真花，手作的温度是机器无法取代的，在手工造花繁复的制作过程中不仅仅是对花朵形象的仿真复刻，造花者的创意和情感被融入进去，每朵花都被赋予灵魂和能量，作品体现出不同作者的不同风格和独特风韵。手工布艺造花的制作流程基本分为 :浆布——做纸型——转

印——剪瓣——染色——烫瓣——赋予表情——组合——整理造型——完成，每一个过程不仅需要投入手作者的创造力和感情，更需要精巧敏锐的手感，平和的心境以及长足的耐心。手工布艺造花不仅仅是一门技术，更重要的是传达出制作者对花之美的个人感悟以及手工技艺的温暖情怀。

在我国虽然传统布艺造花经过传承的断档，如今的发展尚不如日本、法国，但是随着社会的发展、时尚的传播，越来越多的人开始关注和喜爱手工布艺造花，希望将这一传统的手工技艺传承和发展下去。我们期待更多的人进入手作布艺造花的艺术之门，感受每一朵花在自己手中绽放时心中的美好与感动，也期待造花技艺能在中国的时尚领域焕发新的光彩。

著者

2017年5月

目录
CONTENTS

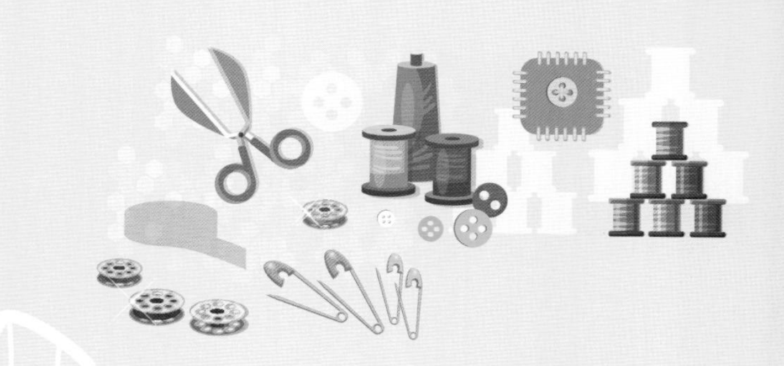

基础知识

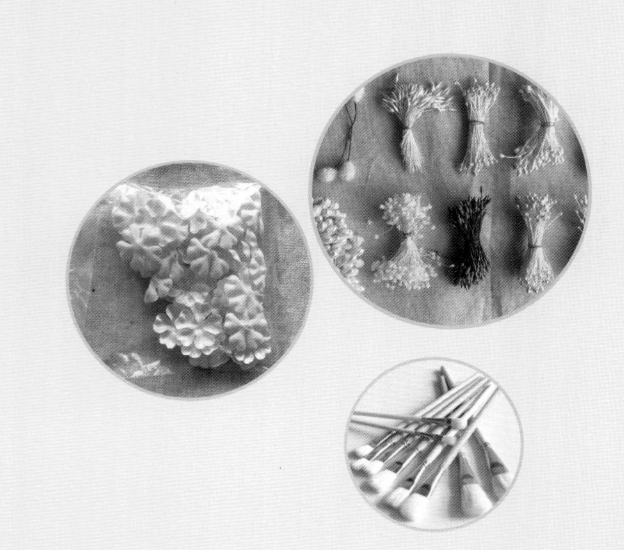

一、造花材料

1. 面料

几乎所有的面料都可以用来做布艺花，根据面料成分不同面料会有不同的质感，可以根据面料特性选择适合的面料造花。但是使用烫花器造花时，一般多选择天然材质的面料，因为纯化纤材质高温下容易烫焦甚至融化，市售的已上浆造花面料常用的有棉、电力纺、素绉缎、消光缎、薄绢、台绢、台缎、平绒、长毛绒、真丝欧根纱等。

2. 辅料

造花时有时会运用到一些服装辅料，如珠子、水钻、亚克力、亮片等做装饰点缀。各种丝带、绒带、织带、蕾丝花边等也可以搭配花朵做装饰。

3. 花芯和花片

造花花芯种类繁多、有石膏花芯、珠光花芯、保丽龙花芯、特殊花芯等，可根据造花的需要进行选择。（图1-1）市面上虽然可以买到很多已经裁好的成品花瓣或叶子花片，但是建议还是自己根据需要制作花瓣样板自行裁剪，但一些小配花的花型较小、需要的数量又较多，这些裁剪比较困难和费时的小花瓣可以选择购买成品花片（图1-2）。

图 1-1

图 1-2

4.铁线

造花专用铁丝，外面包裹一层纸皮，常见的有绿色、白色两种，都可以染色，一般26号、28号、30号最常用，数字越大，铁线越细（图1-3）。

图1-3

5.黏合剂

造花最常用的黏合剂是白胶，常见的有南宝树脂以及日本产的造花专用软胶、硬胶（图1-4、图1-5）。做饰品也时常用到热熔胶，可以快速即刻固定需要黏合的部位。其他如面料胶、手工白胶、照片胶、双面胶等可根据不同需要选择使用（图1-6）。

图1-4

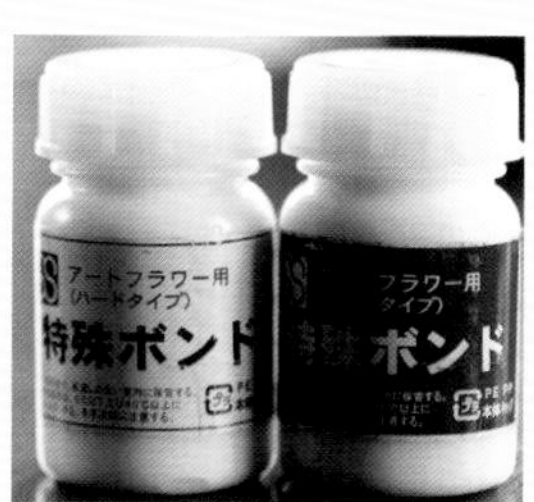

图1-5

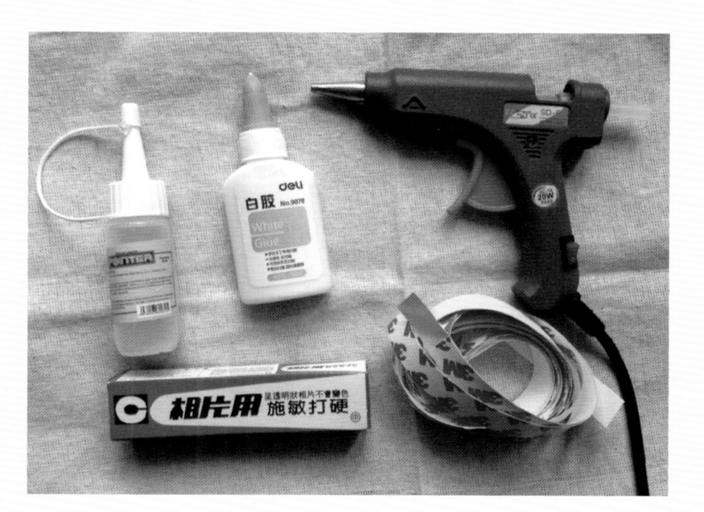

图1-6

二、造花工具

1.烫花器

烫花器是造花的必备工具，用于给花瓣烫出弧度。常用的有我国台湾产和日本产烫花器。烫花器自带16只烫镘（图2-1、图2-2）另外还有很多不同样式、不同尺寸的烫镘可以根据需要选购（图2-3）。自带的圆镘一般都是半球镘，如果做球形花朵如玫瑰、蔷薇比较多，建议单独购买全球镘，全球镘烫出的花瓣弧度更饱满圆润，另外用到比较多的还有极细一筋镘，建议购买。

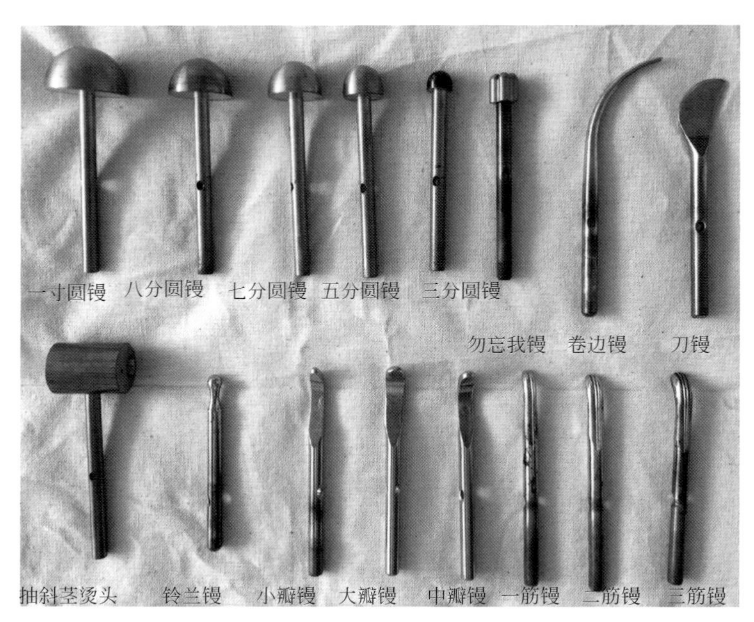

图2-2

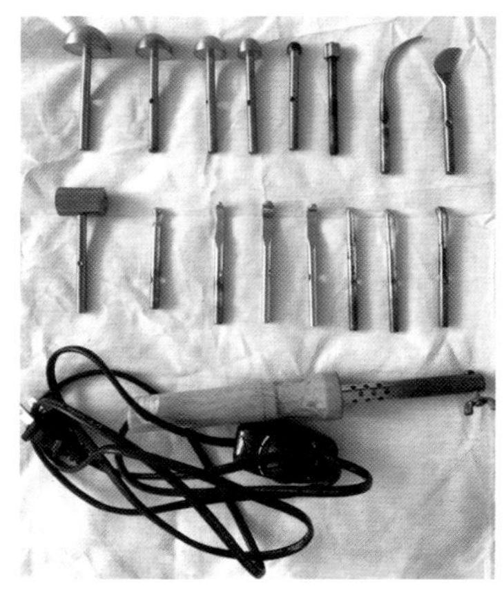

图2-1

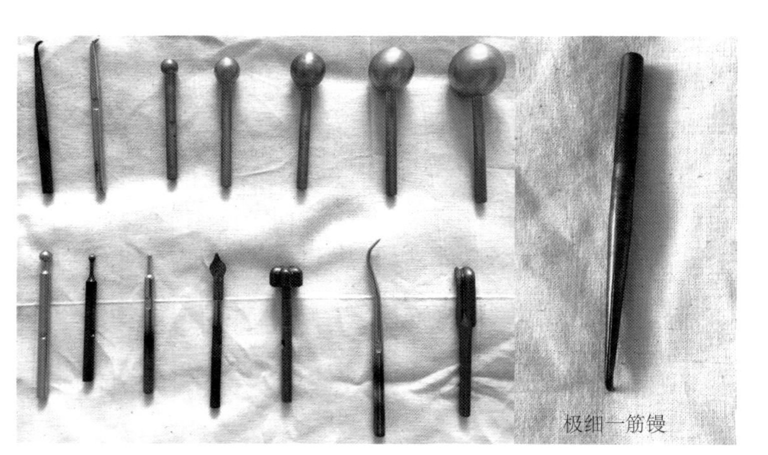

图2-3

2. 烫垫

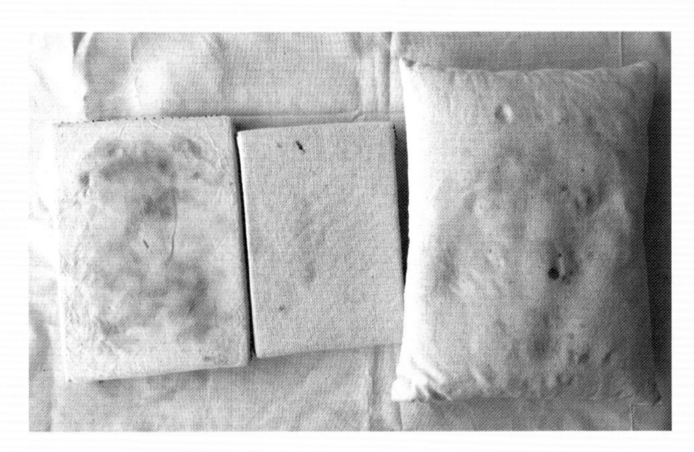

图2-4

通常烫花器会自带一块海绵烫垫，需要包上棉布使用，建议单独另购饭田造花软垫、硬垫以及麦麸填充的造花烫枕（图2-4）。

3. 染色工具

手工造花的美丽很大程度上源于手工染色，手工调色，可以染出深浅不一、变化丰富的色彩。同一朵花上也可以有非常多的色彩层次，成品效果会更逼真、更生动。造花需要用造花专用染料，市面上可以买到日本造花专用染料（图2-5、图2-6）。染色还需要准备羊毛笔、调色盘、白色小瓷碟、报纸、毛巾等（图2-7 ~ 图2-9）。

图2-5

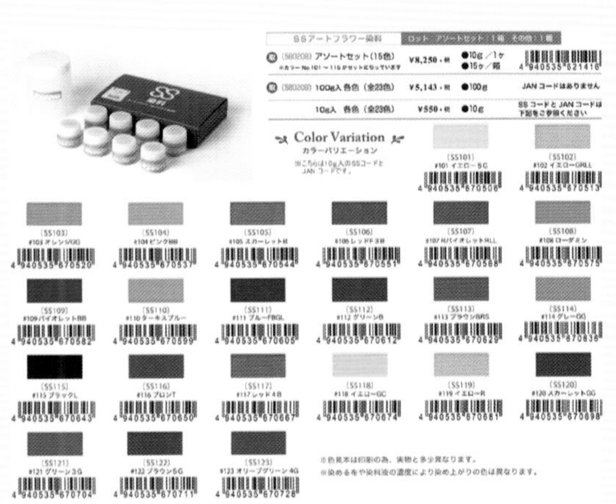

图2-6

图2-7

图2-8

图2-9

4. 其他工具

（1）造花时需要裁剪样板、花瓣、铁线等所以需要准备几把剪刀分别用来剪纸、剪布、剪铁线，剪布的剪刀不能用来剪铁线和纸板，要分开使用，也可购买花艺专用的剪铁线剪刀。裁布滚轮可以在裁剪布条时使用（图2-10，图2-11）。

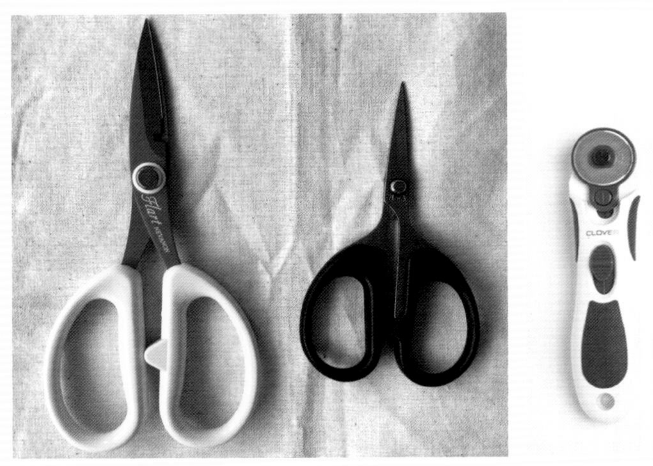

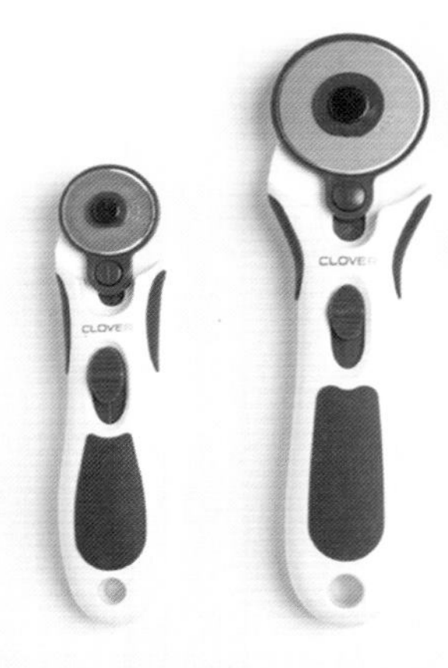

图2-10

图2-11

（2）锥子用来给花瓣戳洞，需要备粗细两支，可以根据需要戳不同大小的孔洞。镊子是造花必不可少的小工具，可以用来夹取花瓣染色、组合花瓣、给花瓣卷边等。珠针、手缝针、线等可以用来临时固定及手缝固定，钳子用来更换加热的烫镘。铅笔、水消笔用于画样板和转印以及做记号等。小针订书机用来固定面料多层裁剪花瓣（图2-12）。干湿两块纯棉毛巾，干毛巾可以在染色时吸取多余水分，湿毛巾可以烫花瓣时沾湿花瓣及给烫镘降温。

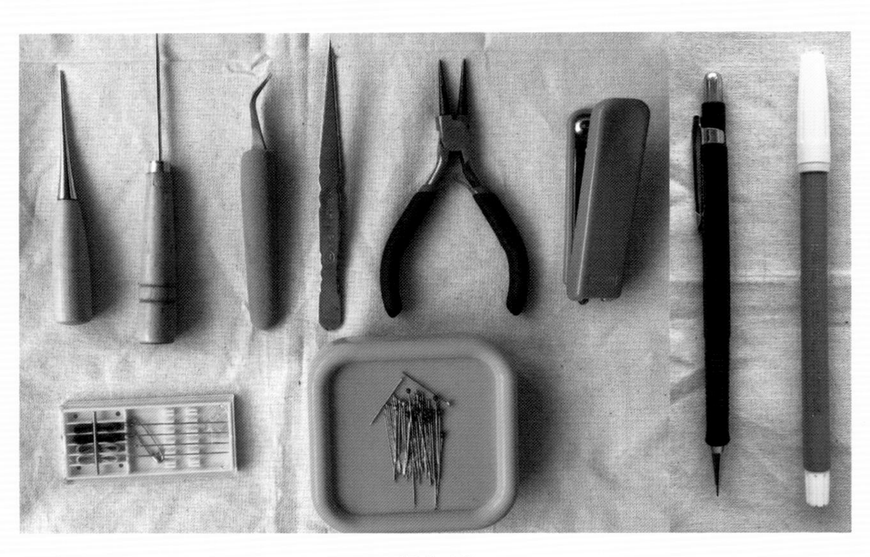

图2-12

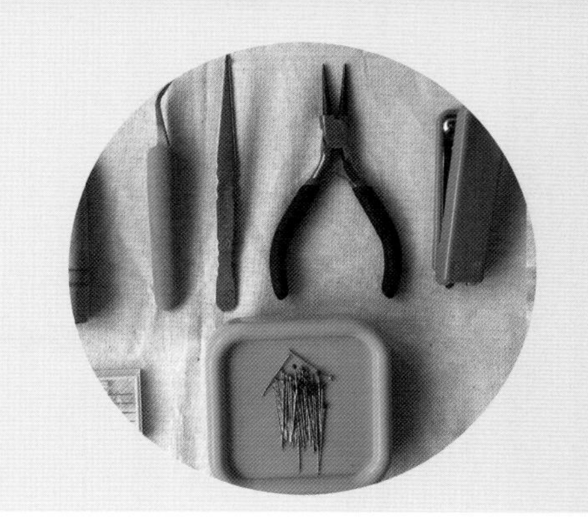

三、造花基础知识

1. 烫花器温度控制

烫花器是高温工具，使用时要注意安全，不管是不是可调温的烫花器，在烫花瓣时都要在湿的棉毛巾上沾一下，一方面看烫镘温度是否达到需要，一方面可以给过热的烫镘降温。烫花瓣时可以在花瓣处于微潮的状态下烫，会更容易烫出美丽的弧度。

2. 染色

染色时要用热水调开颜料粉，如果不是经常用，建议一次不要调太多，一次用完之后水分蒸发掉剩余的干粉下次还是可以继续加水使用的。

染色不拘泥于一种方法，可以将花瓣浸湿后铺在烫花专用染色报纸或普通报纸上，用干毛巾吸取多余水分，用羊毛笔蘸取调好的颜料刷涂在花瓣上，如果是多片一起染色注意反面也要刷涂，保证颜色浸透每一片花瓣。如果对染色比较熟练也可直接在调色盘上染色，此种方法水量较大，颜色流动性强，晕染快，需要有较强的色彩把控能力。在一个花束作品染色时要先考虑好色彩的搭配，染色中要有深浅和色彩变化，尽量避免一个花束都在同一明度上，不管总体色调如何，都是需要有亮调和暗调的，初学者往往容易忽略这一点。

3. 裁剪排料

裁剪花瓣时注意排列尽量要紧凑、合理，花瓣、叶片通常要斜丝裁剪，贴底布时也要注意斜丝方向排列。

4. 包裹花茎铁线

通常花朵花茎或叶茎的铁线都需要用包茎纸或包茎布包裹，包茎布有成卷的成品，多为白色或绿色，都可以染色，也可以自己用台绢染色后裁成长条备用（图3-1）。

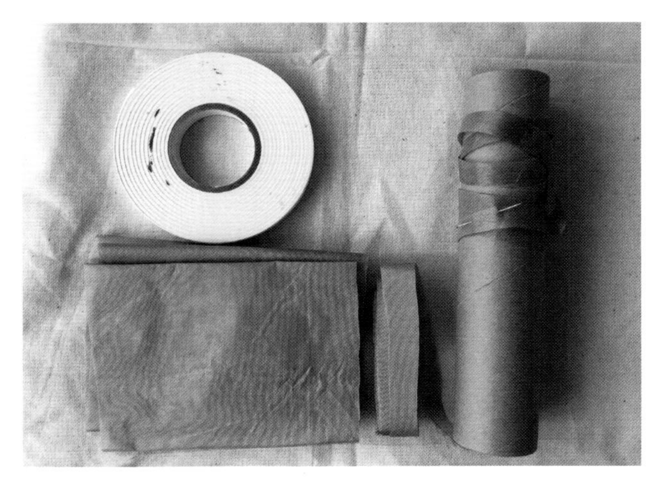

图3-1

5. 组合花瓣

烫好的花瓣最后都要层层组合在一起形成花朵的，在组合排列时要注意不能一味地逐层规律地包裹，有时要打破规律，有一些花瓣可以侧排或者插进其他花瓣组合中间，形成一些豁口，这样组合出来的花型会更自然、更生动。

各种时尚手作花饰

一、水蓝绒带玫瑰花饰

（一）材料

1. 2cm宽丝绒带90cm，其中大花60cm，小花30cm。

2. 棕色素绉缎适量。

3. 纽扣2颗。

4. 小珠子4颗。

5. 铁线、双面胶适量。

6. 装饰花边适量。

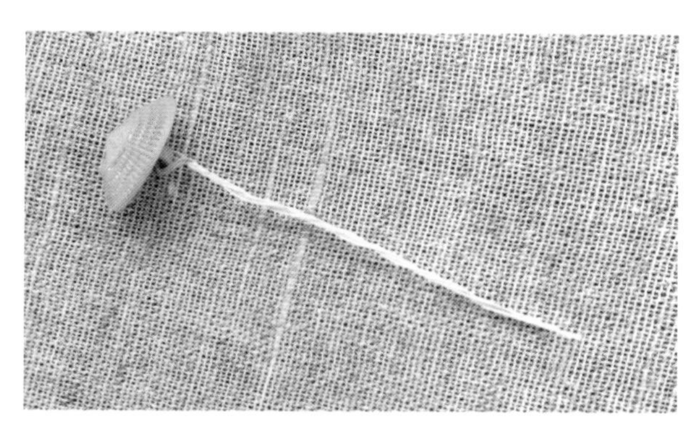

图1-1

（二）步骤

❶｜将纽扣用铁线固定用做花芯部分，扣面贴双面胶备用（图1-1）。

❷｜将棕色丝带背面贴双面胶（图1-2），夹铁线与素绉缎粘合，按样板将叶片剪下（图1-3）。叶片背面用极细一筋镘烫出叶脉纹路（图1-4）。

图1-2

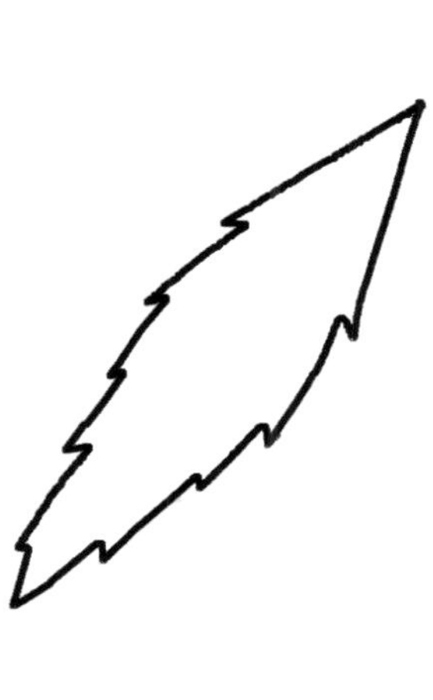

图1-3

图1-4

❸ | 丝绒带一端开始包裹纽扣，扭转围绕纽扣进行盘绕。做成一大一小两朵花，结尾处用热熔胶粘合（图1-5、图1-6）。

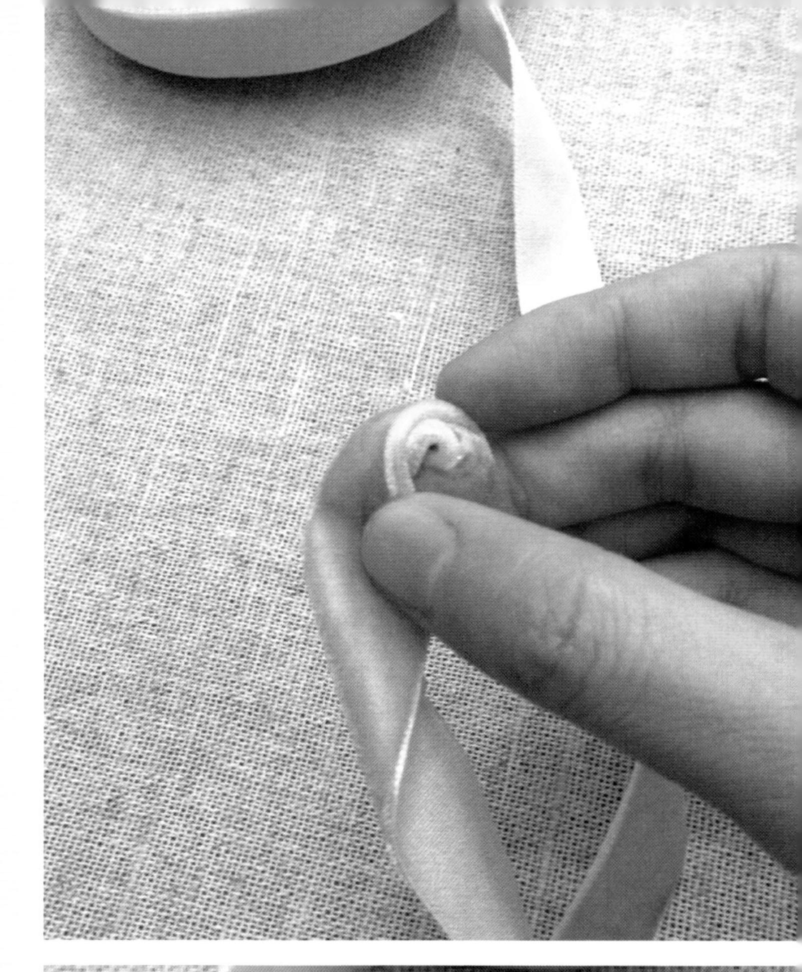

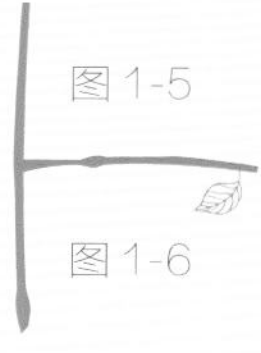
图1-5
图1-6

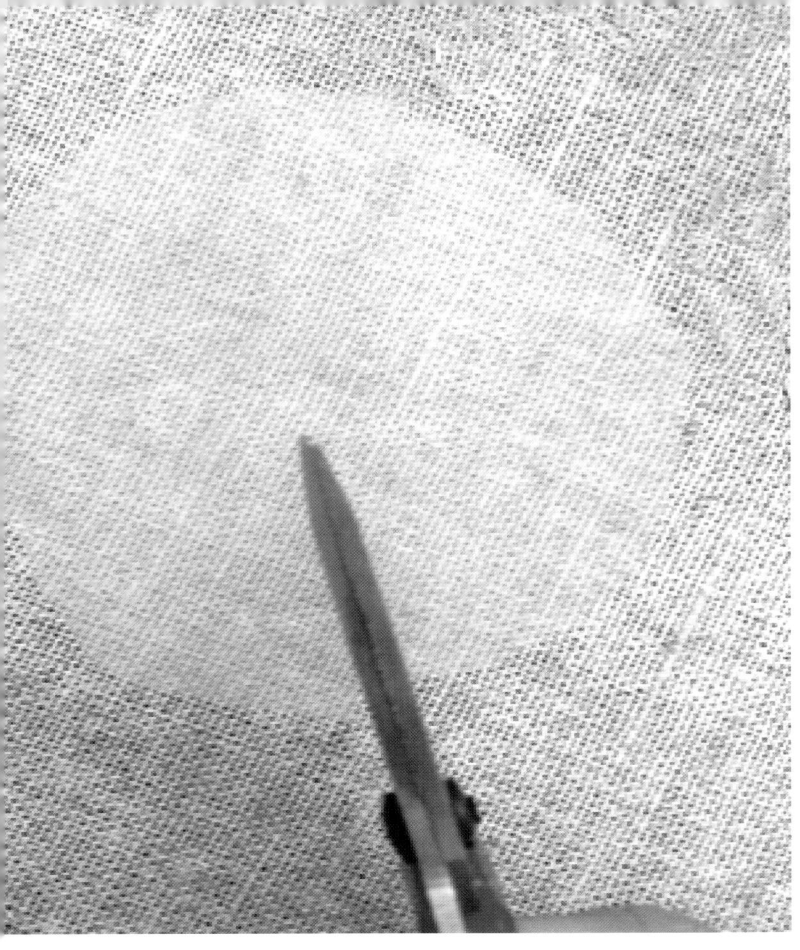

❹ | 为防止花朵散开，可裁剪一块略小于花朵大小的同色欧根纱，剪口至中心点，避开花茎，粘合在花朵背面（图1-7、图1-8）。

❺ | 花朵和叶片捆绑成束，用棕色素绉缎裁成布条缠绕花茎（图1-9）。

❻ | 将小珠子用胶固定在花朵上装饰（图1-10）。固定别针和装饰丝带，整理造型（图1-11）。

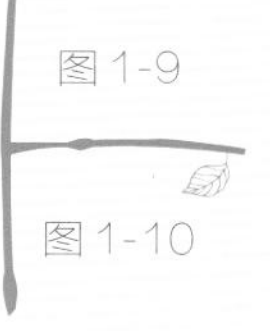

图1-9

图1-10

图 1-11

二、粉色菊花小花束

（一）材料

1. 粉色棉布、欧根纱
2. 绿色棉布
3. 花芯适量
4. 铁线、丝绒带和蕾丝花边适量

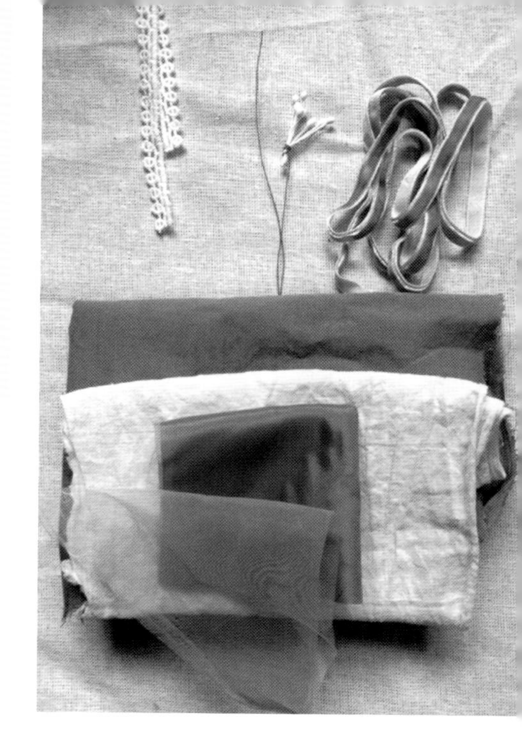

（二）步骤

❶ | 按样板裁剪花瓣条，棉布3×15cm两条，2.5×15cm一条；欧根纱2.5×15cm三条；叶子六片（图2-1）。花瓣条用烫花器一筋镘从反面将每一瓣烫出花瓣的弧度纹路（图2-2），将烫好的花瓣条用手缝针沿花芯侧（没有圆弧的一边）的边缘手缝一圈，抽紧（图2-3）。

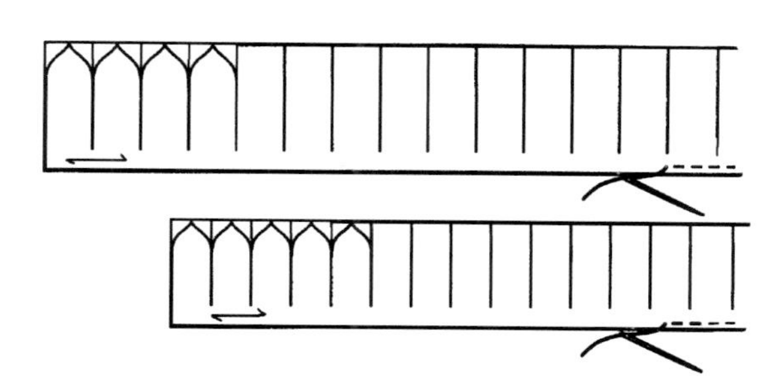

图2-1

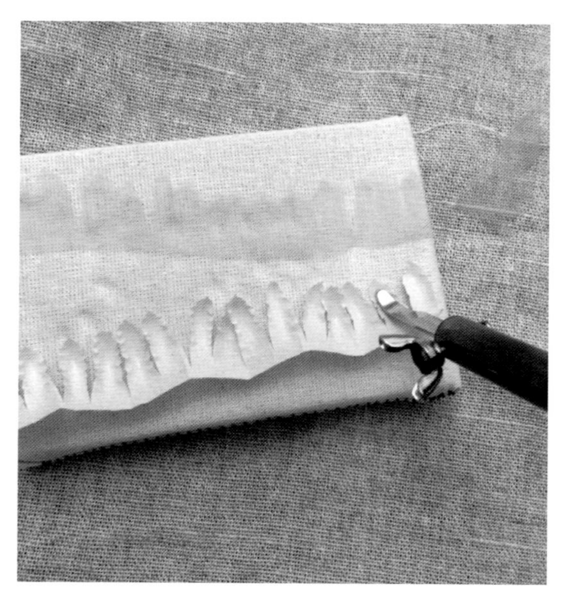

图2-2

图2-3

❷ | 将圆头花芯5根、5根、3根、对折，分别用铁线绑成簇做成菊花花芯（图2-4）。将成簇的花芯依次从手缝抽紧后的欧根纱花瓣条和棉布花瓣条中间穿过（图2-5），整理三朵菊花造型。

❸ | 把叶片两两夹铁线粘合，从反面用一筋镘烫出叶脉纹路（图2-6、图2-7）。

图2-4 图2-5

图2-6 图2-7

❹ | 把花朵和叶片捆绑成簇，绑上丝绒和蕾丝花边，并固定别针，整理花簇造型（图2-8）。

图2-8

三、裸色欧根纱花朵发箍

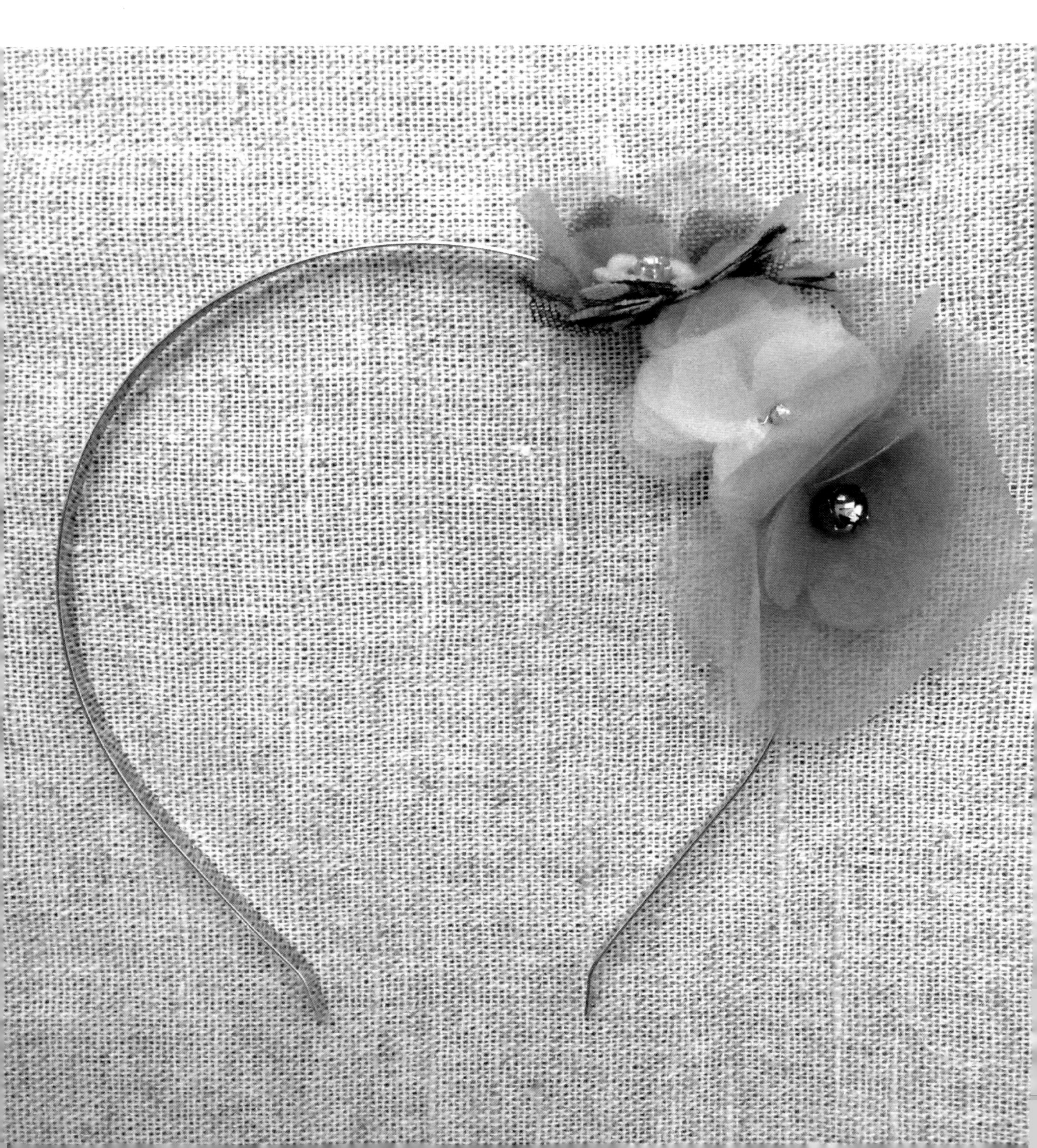

（一）材料

1. 棕色欧根纱，米白欧根纱
2. 蓝点网纱
3. 蕾丝花片1片
4. 大小水钻4颗
5. 铁线适量

（二）步骤

❶ | 按照样板裁剪棕色欧根纱大花瓣2片，中花瓣1片，小花瓣4片，米白欧根纱中花瓣5片，小花瓣4片，蓝点网纱中花瓣3片（图3-1）。

❷ | 小水钻用铁线穿好，如图将米白欧根纱花瓣穿成2朵花朵。中瓣4片一朵，中瓣1片小瓣4片一朵（图3-2、图3-3）。

❸ | 大水钻铁线穿好，将棕色欧根纱大瓣2片，小瓣4片做成一朵，蓝点网纱中瓣3片棕色欧根纱1片蕾丝花片1片做成一朵（图3-4）。

❹ | 将做好的4朵花缠绕在发箍上整理造型（图3-5）。

图3-1

图3-2

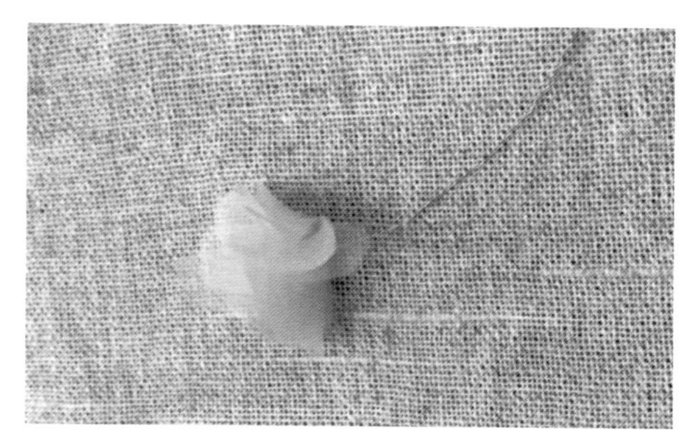

图3-3

图3-4

图3-5

四、紫黄点蔷薇

（一）材料

1. 紫黄点厚缎
2. 黄色厚缎
3. 铁线适量

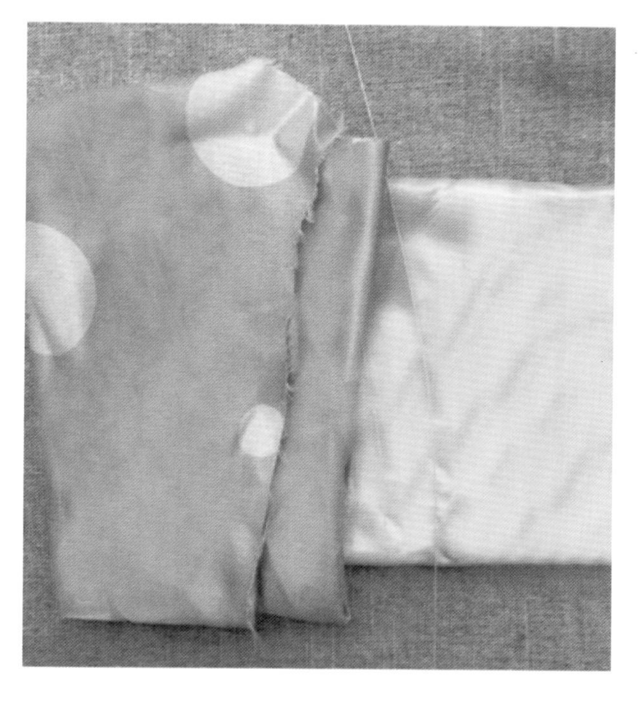

（二）步骤

❶ 按样板裁剪大花瓣3枚，小花瓣5枚，如图对折，沿边缘手缝并抽紧，做成小花瓣一串，大花瓣一串（图4-1、图4-2）。

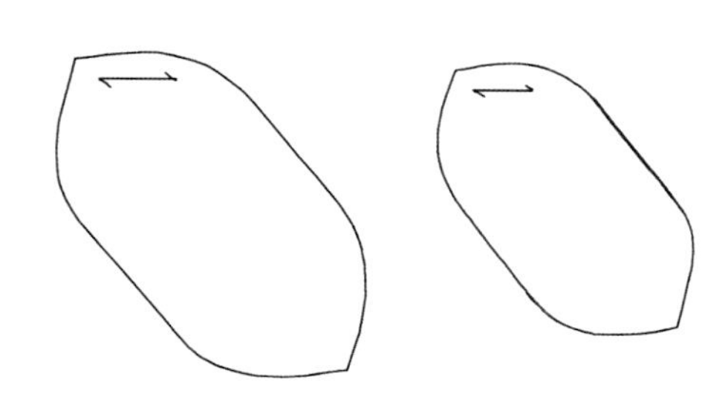

图4-1

图4-2

图4-3

图4-4

图4-5

图4-6

图4-7

图4-8

❷ | 将小瓣的第一片一端用锥子戳洞，3股铁线弯成小钩，勾住花瓣，将花瓣依次卷起，热熔胶固定。然后将大花瓣粘合在外圈做成花朵（图4-3 ~图4-5）。

❸ | 所有花瓣粘合完成后裁剪一块圆片，中心穿孔，粘合在花朵底部（图4-6）。

图4-9

❹ | 用黄色缎8×8cm裁3片，对角折叠，再对角折叠，然后将两个角分别向两侧折叠，尾部用铁线捆绑后用同色布条缠绕铁线，如图做成叶子（图4-7、图4-8）。

❺ | 将花朵和叶子捆绑固定，整理造型（图4-9）。

五、粉蓝条织带大蝴蝶结发箍

（一）材料

1. 7.5cm宽 织 带95cm，其中蝴蝶结部分35cm，花朵部分60cm

2. 发箍一个

3. 大纽扣一颗

4. 铁线、双面胶适量

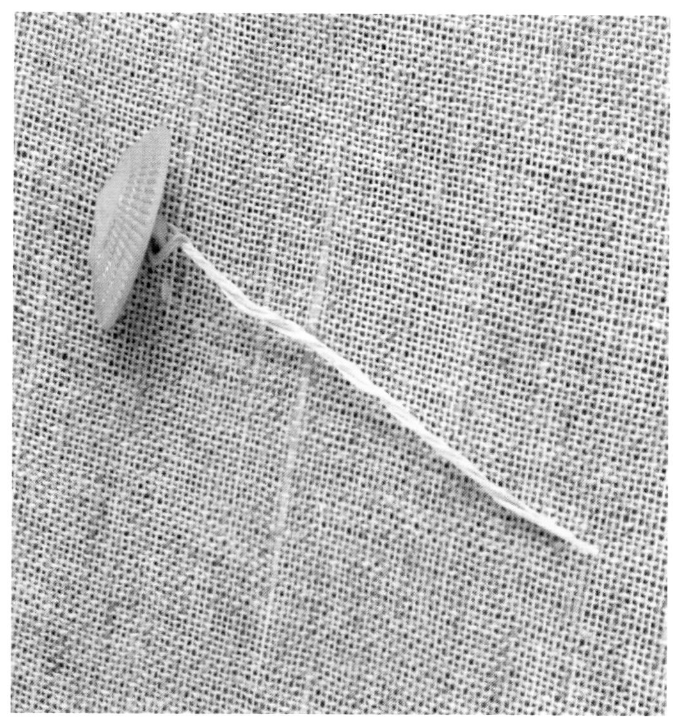

图5-1

（二）步骤

❶ | 将纽扣用铁线固定，扣面贴双面胶（图5-1）。

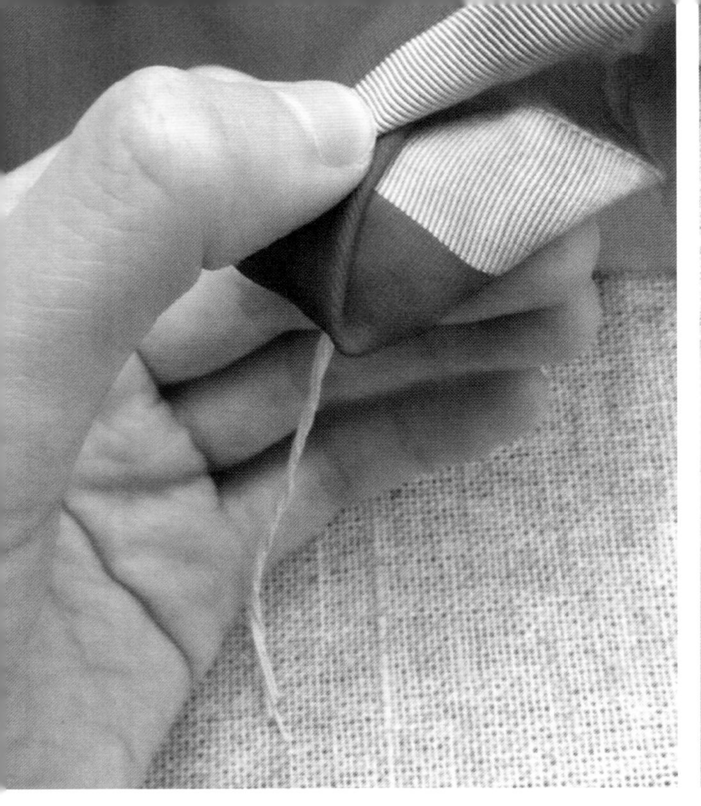

❷ | 将织带一端距边缘约扣子直径宽处用锥子戳洞，将扣子穿过织带，用织带如图折叠包裹扣子（图5-2）。

❸ | 将织带扭转，如图围绕扣子一圈一圈依次进行盘绕，结尾处热熔胶粘合（图5-3、图5-4）。

❹ | 将35cm织带如图首尾粘合，折叠，中间缝合，做成蝴蝶结（图5-5、图5-6）。

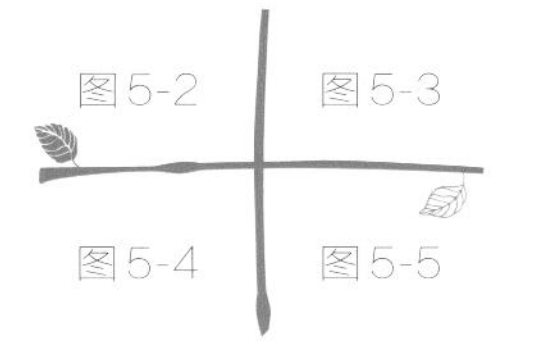

❺ | 将花与蝴蝶结部分粘合，并固定在发箍上，粘合。整理造型（图5-7、图5-8）。

图5-6　图5-7
图5-8

六、水蓝茶花手袋花束

（一）材料

1. 水蓝色缎
2. 蓝色欧根纱
3. 水蓝欧根纱
4. 绿色棉布
5. 绿色素绉缎
6. 铁线适量
7. 装饰丝带适量

（二）步骤

❶ | 按照样板裁出缎、两色欧根纱小花瓣各16片；缎、水蓝欧根纱大花瓣各12片，或根据个人喜好增减比例，叶片棉布和缎各3片（图6-1）。

❷ | 用一小块布包一点布料或是珠子，用铁线捆绑（图6-2），然后拿1、2片花瓣将之包裹，做成大花花芯部分（图6-3）。

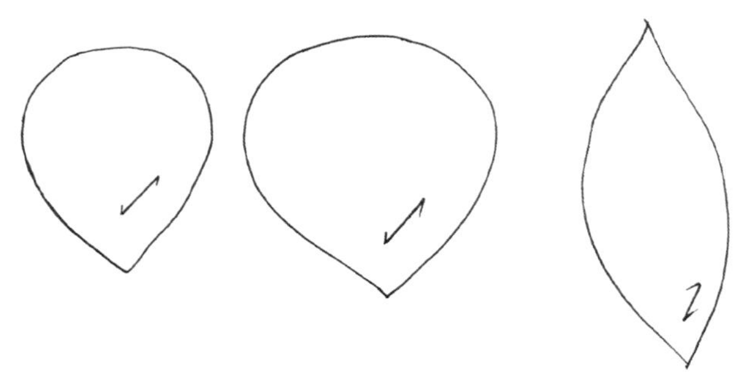

图6-1

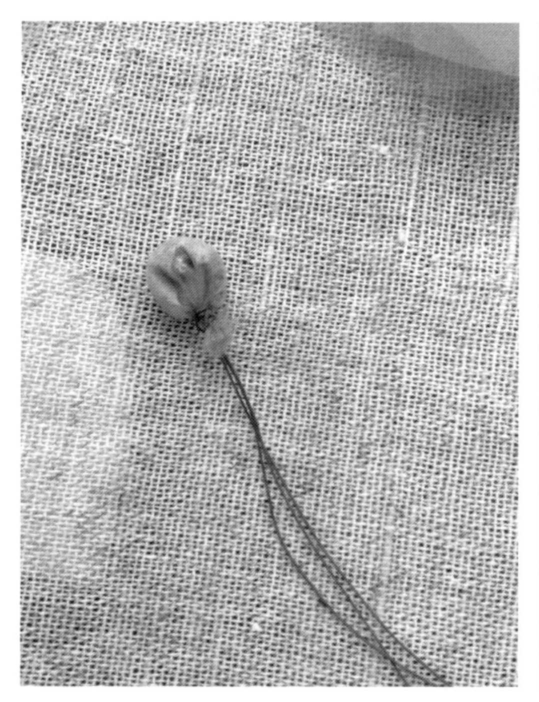

图6-2

图6-3

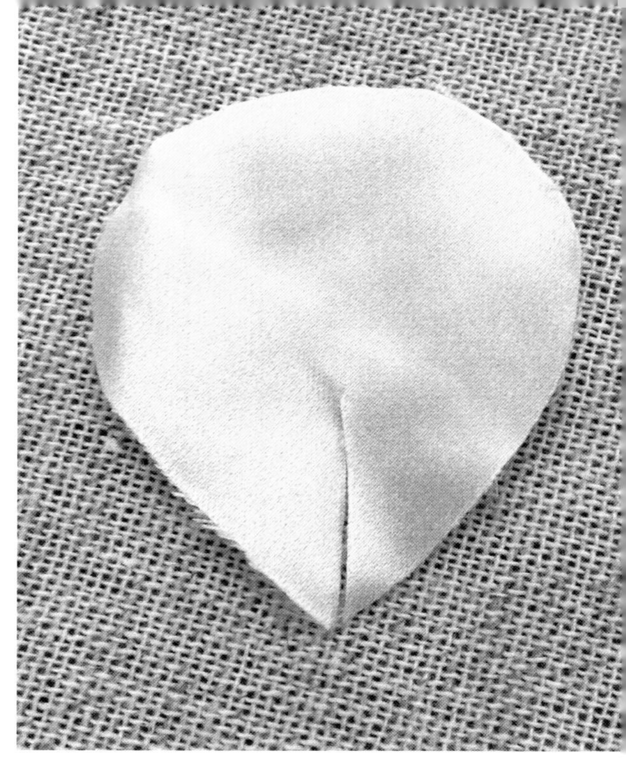

❸ | 将约2/3数量（可根据各人喜好增减数量，花瓣多则花朵大，花瓣少则花朵小）的小花瓣围绕花芯部分依次用热熔胶或白胶黏合，缎和欧根纱花瓣穿插组合（图6-4），外圈用几组大花瓣包裹，需要时可以将花瓣中心剪口（图6-5）组成大花朵。

❹ | 拿一片小花瓣，尖头一端剪口卷起黏合在铁线上，同大花芯做法做出花芯并逐层将缎和欧根纱分组的花瓣依次围绕花芯黏合，做成小花朵，整理造型（图6-6）。

❺ | 用绿色面料裁成布条把花茎铁线包裹起来（图6-7）。

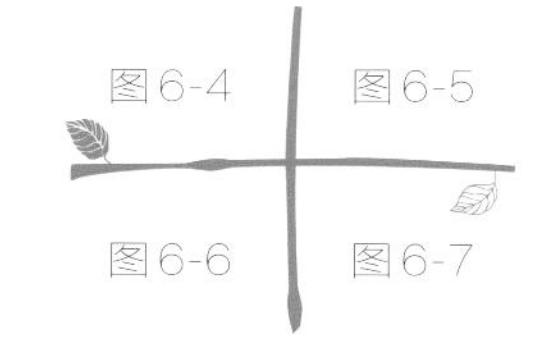

❻ | 缎和棉布叶片夹铁线两两黏合，用一筋镘在叶片背面烫压出叶脉纹路（图6-8）。

❼ | 叶片正面沿中心铁线处用一筋镘烫压一道叶脉纹路（图6-9）。

❽ | 将叶片和大小花朵捆绑成束，整理造型（图6-10）。

❾ | 固定别针、装饰丝带，也可直接将完成的花束缝合/黏合在包袋上，整理造型（图6-11）。

图6-11

七、玫红黑双色花

（一）材料

1.双面复合面料

2.黑色包茎布适量，铁线适量

3.丝带适量

（二）步骤

❶ | 按照样板裁剪花芯片2枚，花瓣4枚（图7-1）。

❷ | 把两片花芯用铁线穿过，用热熔胶固定成簇（图7-2、图7-3）。

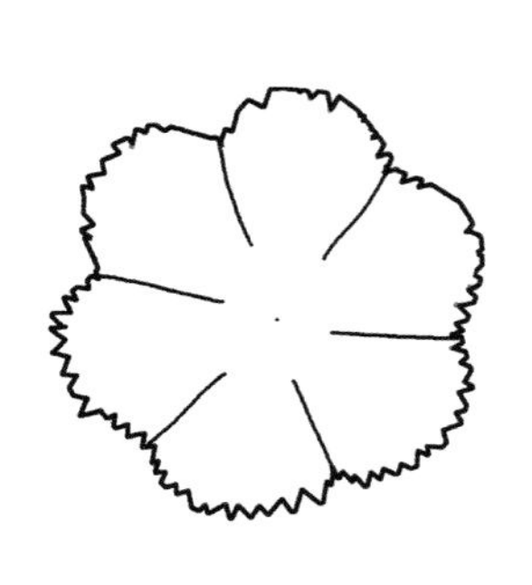

图7-1

图7-2

图7-3

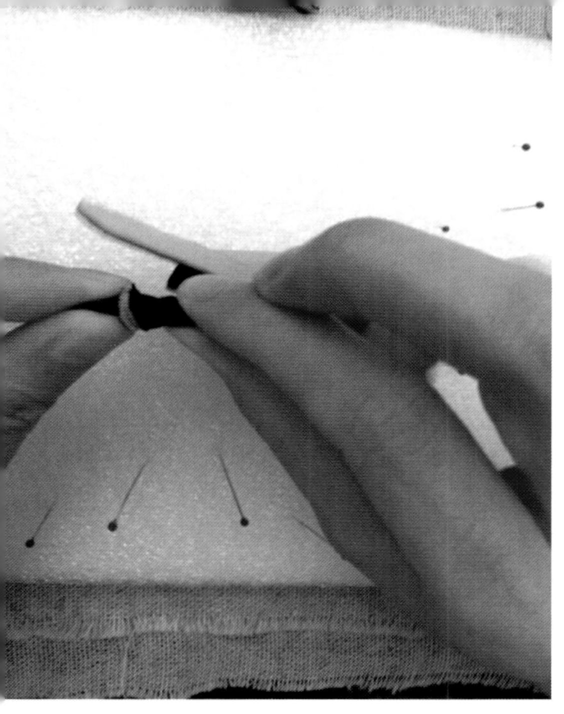

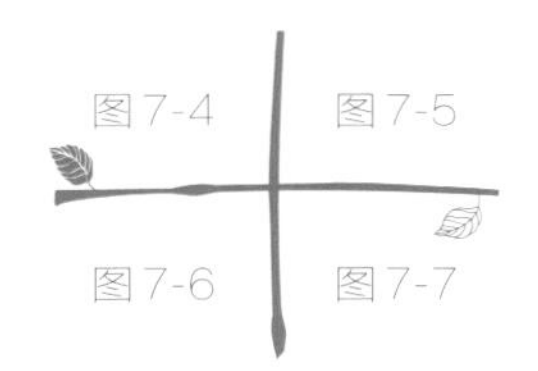

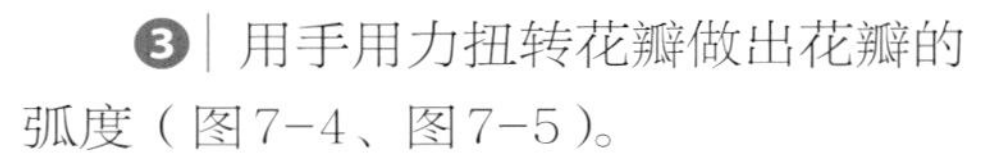

❸ | 用手用力扭转花瓣做出花瓣的弧度（图7-4、图7-5）。

❹ | 将花瓣中心剪十字口或挖洞（图7-6）。

❺ | 将花芯簇依次穿过四片花瓣，最后一片颜色与前三片相反（图7-7）。

❻ | 用黑色包茎布缠绕花茎，裁一小片圆布片用胶将其与花萼部分包裹粘合（图7-8）。

❼ | 固定装饰丝带和别针，整理造型（图7-9）。

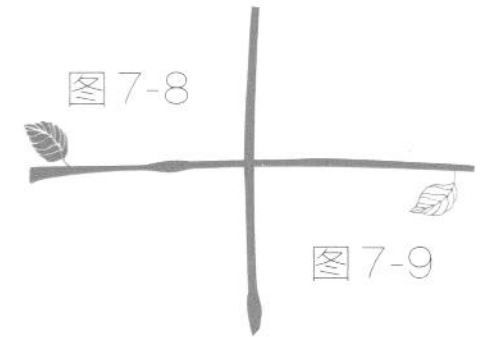

八、蓝色花朵项链

（一）材料

1. 深色牛仔
2. 蓝色花纹棉布
3. 黑色网纱
4. 蓝色网纱
5. 黑色欧根纱
6. 白色花芯、灰色花芯适量，白色珠子一颗

（二）步骤

❶ | 按照样板（图8-1）裁好花瓣，大花9层（黑色2片、蓝色网纱2片、黑棉布2片、花棉布2片，牛仔布1片），小花5层（黑色、蓝色网纱、黑棉布、花棉布、牛仔布各一片），花瓣边缘用镊子翻卷或手指搓捻出弧度（图8-2）。花瓣中心用锥子戳洞（图8-3）。

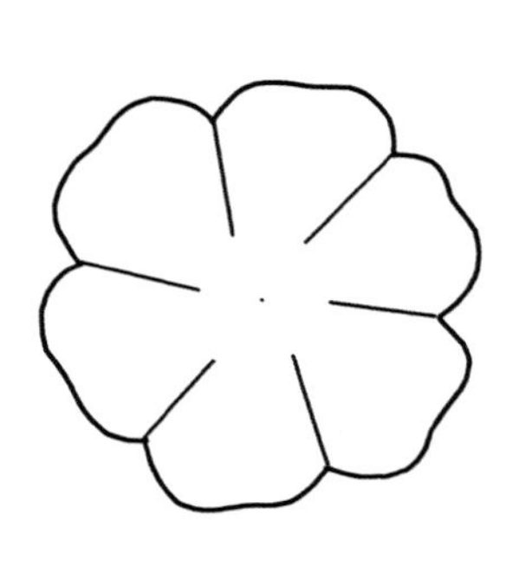

图8-1

图8-2

图8-3

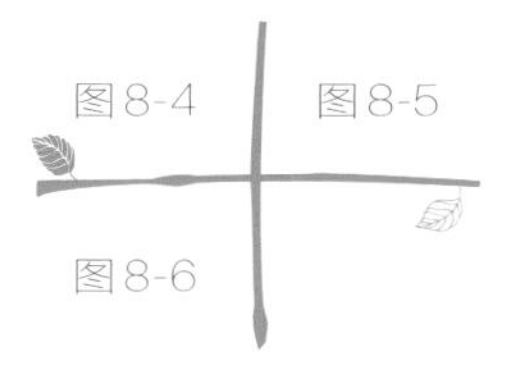

❷ | 黑色欧根纱裁成2.5×12cm长条，均匀剪口（图8-4）。白色花芯对折用胶粘花穿好珠子的铁线上然后把剪口的布条包裹在外圈做成小花的花芯簇（图8-5）。

❸ | 把花芯簇按个人喜欢的顺序穿入小花瓣，整理造型（图8-6）。

❹ | 将灰色花芯对折用铁线捆绑成簇做成大花的花芯部分，把花芯簇依次穿过大花瓣，做成花朵，整理造型（图8-7～图8-9）。

图8-7

图8-8

❺ | 将花朵固定在链子上，整理造型（图8-10）。

图8-9

图8-10

九、粉色丝带胸针

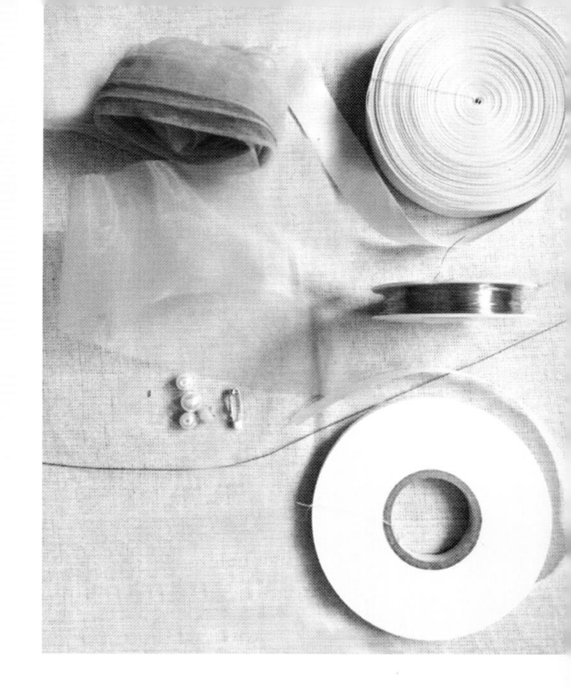

（一）材料

1. 欧根纱 8cm × 2cm × 4 根　18cm × 2cm × 3 根 5cm × 5cm × 2 根
2. 丝带 18cm × 2cm × 2 根
3. 各式珠子 5 颗
4. 铁线 / 铜丝适量
5. 包茎纸适量
6. 别针一个

（二）步骤

❶ | 将小的欧根纱布条中间打结，两端并在一起，用铁线或细铜丝穿过、绕紧，做成花苞备用（图9-1、图9-2）。

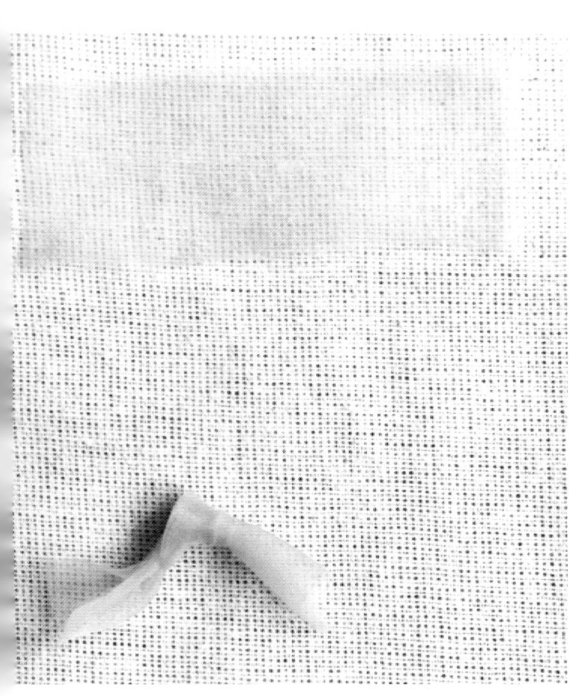

图9-1

图9-2

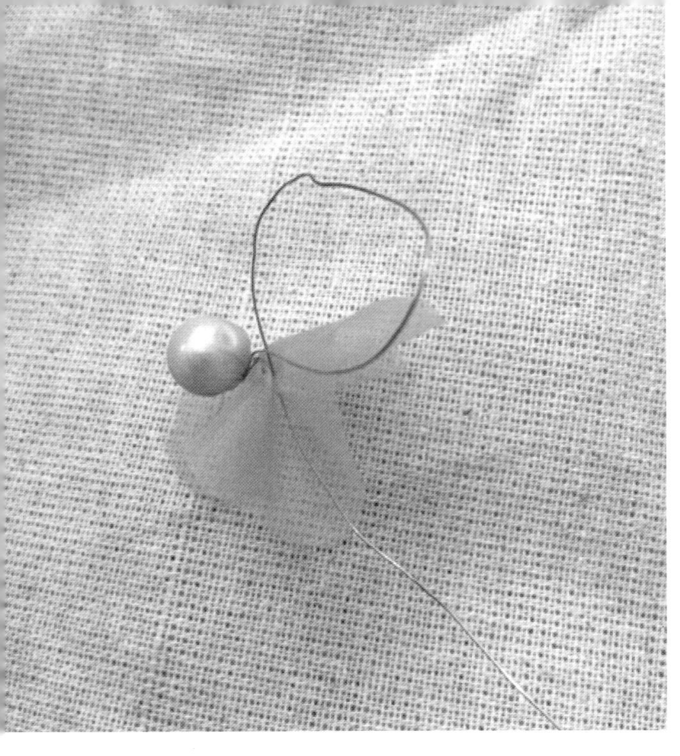

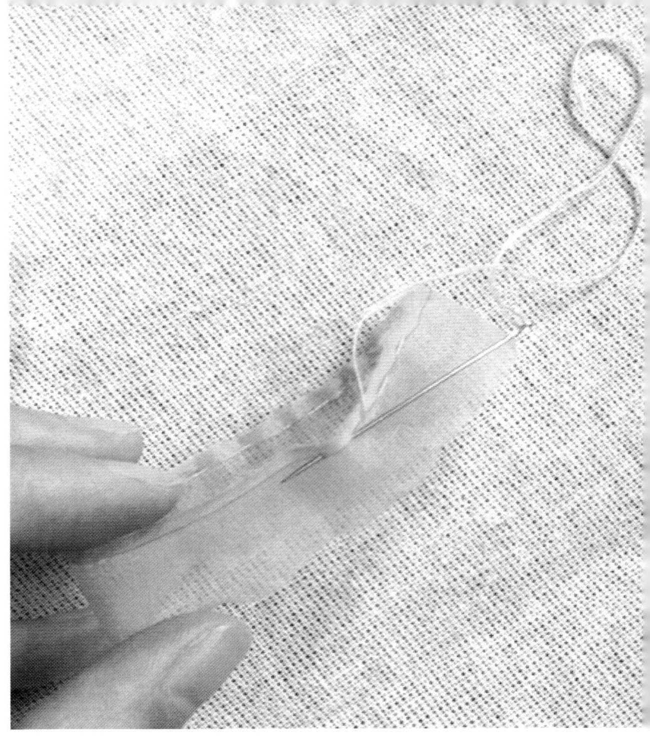

❷ | 用方块欧根纱将部分珠子包住做成花芯备用（图9-3）。

❸ | 把布条、丝带分别用手缝针沿一侧边缘间隔针距约0.5cm手缝一圈，抽紧，做成花瓣（图9-4）。

❹ | 用铁线将花芯珠子穿过花瓣，并用热熔胶固定。用欧根纱包住的珠子花芯要将欧根纱包布向上翻起并修剪整齐，形成双层花瓣效果（图9-5、图9-6）。

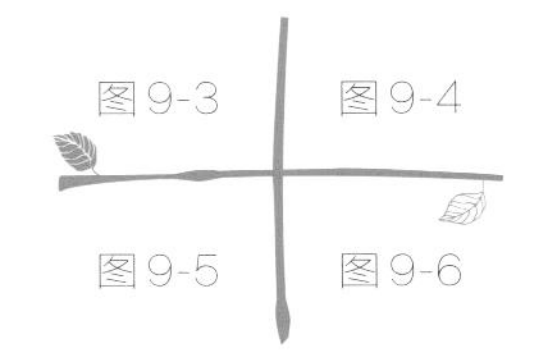

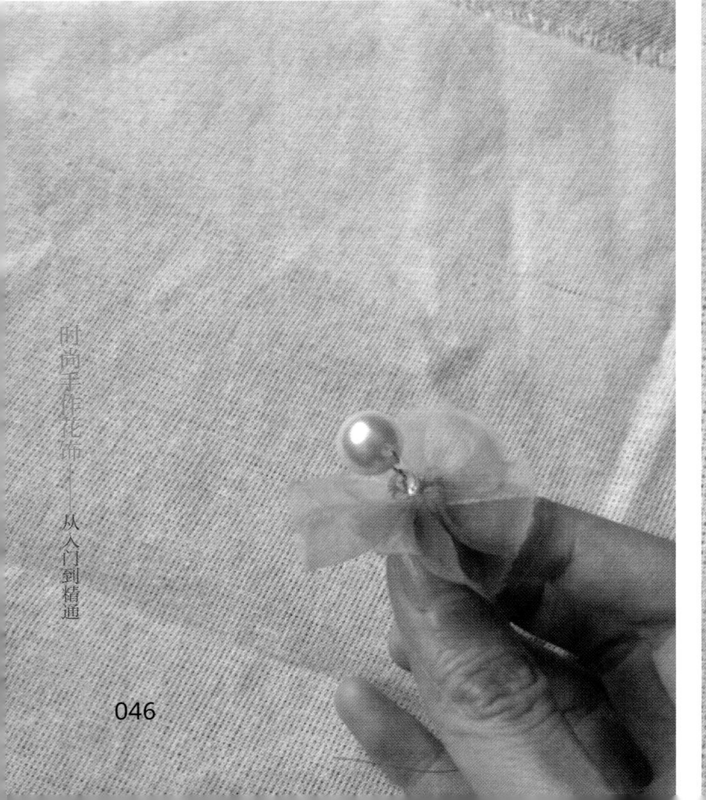

图9-7

图9-8

❺ | 总共完成丝带花两朵，欧根纱花三朵，花苞四朵，将做好的花朵及花苞花茎用包茎纸缠好，弯成弧度，捆绑成簇（图9-7）。

❻ | 固定别针并整理花簇造型，如果不想露出铁线和铜丝可以用包茎纸或包茎布将花茎全部包裹（图9-8）。

十、银白粗花呢玫瑰

（一）材料

1. 粗花呢
2. 银色、白色PU（或真皮）
3. 大小珠子若干
4. 铁线、包茎布适量

（二）步骤

❶｜按照样板如图裁好花瓣，大片5枚，中片3枚，小片7枚。花色可以按照个人喜好分配不同面料的花瓣数量比例（图10-1）。

❷｜花瓣尖头一端剪又（大花瓣可剪可不剪），夹入铁线黏合，晾干（图10-2）。

图10-1

图10-2

❸ | 将大小珠子用铁线分别穿好并捆绑成簇，做成花芯。用3片小花瓣包裹黏合（图10-3）。

❹ | 围绕花芯依次将花瓣从小到大黏合固定，组合的时候要注意花瓣的颜色排列（图10-4）。

图10-3

图10-4

图 10-5

❺ | 最后用包茎布将花茎缠绕包裹，整理花朵造型（图10-5）。

十一、白色鸽眼布玫瑰

（一）材料

1. 白色鸽眼棉布25×20cm，15×10cm（若叶子不想用鸽眼布可用平纹白棉布代替）

2. 铁线适量

3. 装饰用丝带、蕾丝花边适量

（二）步骤

❶ | 按照样板将花瓣和叶片裁好，小片2枚，中片1枚，大片2枚，花瓣中心用锥子戳洞（图11-1、图11-2）。

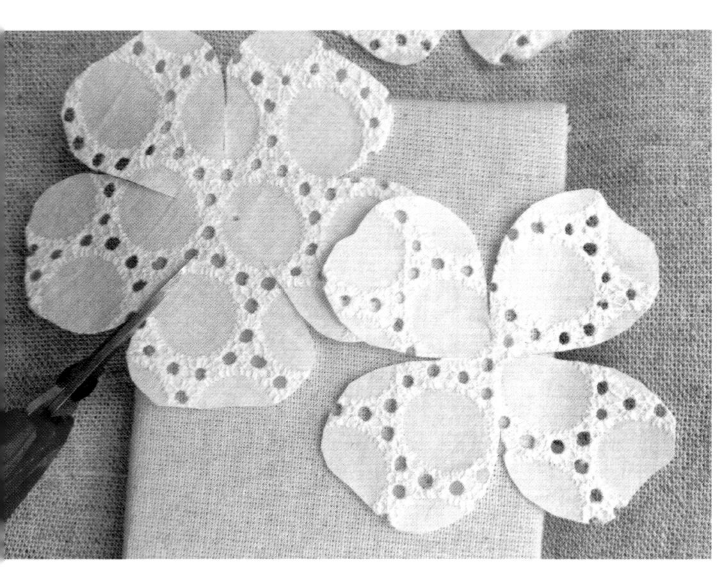

❷ | 花瓣剪口至距离中心0.5cm左右（图11-3）。用镊子夹住花瓣边缘向面料反面卷起，放在熨斗上利用温度烫出花瓣向外翻卷的卷边效果（图11-4）（也可直接用手指搓卷出卷边）。

❸ | 用烫花器圆镘在正面烫压出花瓣弧度（图11-5），注意花瓣弧度和边缘翻卷的方向。

图11-3	图11-4
图11-5	图11-6

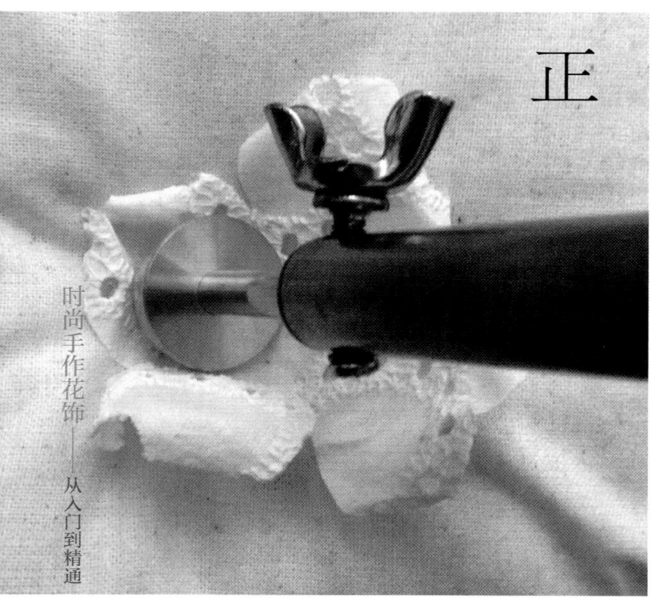

❹ | 取约1/2根铁线对折，一端弯成小钩状，如图放在小片花瓣的一侧（图11-6），然后将整个小花瓣卷在铁线上黏合形成花芯（图11-7、图11-8）。

❺ | 将花芯依次穿过小中大花瓣黏合（图11-9 ~ 图11-11），整理造型。

❻ | 按图11-12裁鸽眼布叶片3枚，白棉布叶片3枚，涂胶夹铁线黏合。

❼ | 将叶片和花朵捆绑固定（图11-13）。加装饰丝带并固定别针，整理花朵造型（图11-14）。

十二、淡粉色发带

（一）材料

1. 淡粉色、米色欧根纱
2. 珠片若干
3. 墨绿色丝带

（二）步骤

❶ | 将淡粉色、米色欧根纱裁成大小不均的圆片（图12-1）。

图12-1

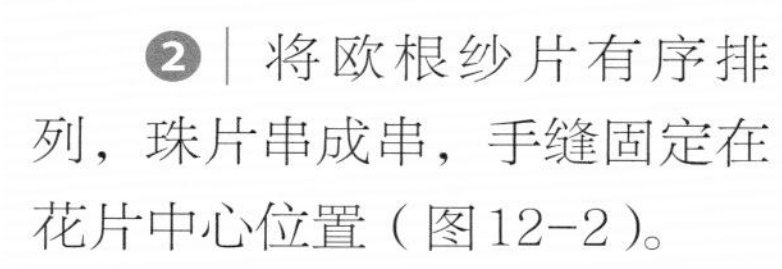

❷｜将欧根纱片有序排列，珠片串成串，手缝固定在花片中心位置（图12-2）。

❸｜按照上一步多做几朵，注意大小片的排列组合（图12-3）。

图 12-4

❹ | 将墨绿色发带粘合成蝴蝶结形状，用热熔胶将淡粉色花朵和墨绿色丝带粘合，整理造型（图 12-4）。

十三、牛仔绣球花

（一）材料

1. 两色牛仔布
2. 银珠4颗、大小白珠各8颗
3. 铁线适量
4. 丝带及蕾丝花边适量

（二）步骤

❶ | 按照样板（图13-1）将花瓣裁好，花瓣20片，中心用锥子戳洞。

❷ | 用烫花器将花瓣的4个小瓣用勿忘我镘三反面一正面如图烫压出弧度（图13-2、图13-3）。

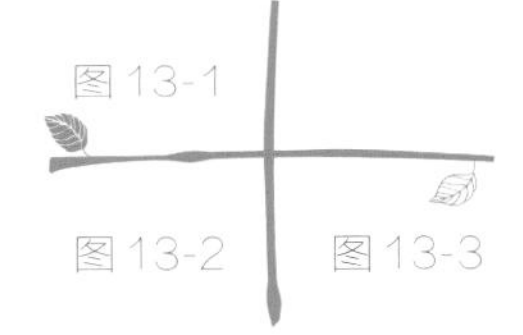

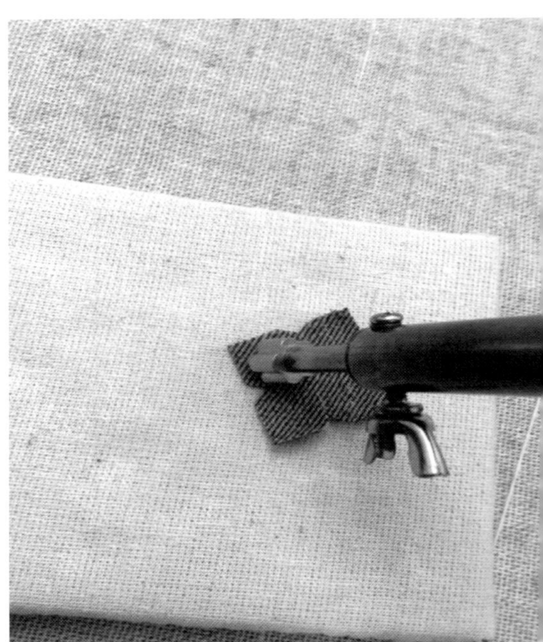

❸ | 将小圆珠用铁线穿好做成花芯，穿过花瓣，做成一朵朵的小花（图13-4）。

❹ | 将所有小花捆扎成球形花束（图13-5）。

❺ | 将丝带蕾丝花边做成蝴蝶结，和花束固定在一起（图13-6 ~图13-8）。

图13-9

❻ | 固定别针，整理花束造型，也可直接缝或粘在包袋上固定（图13-9）。

十四、水蓝蕾丝大丽花
TRUZZI

（一）材料

1. 复底蕾丝面料
2. 蓝色平纹棉布
3. 各式珠子水钻5颗
4. 铁线适量
5. 丝带若干

（二）步骤

❶ | 按照样板裁剪花瓣，复底蕾丝3枚，蓝色棉布2枚，中心用锥子戳洞（图14-1、图14-2）。

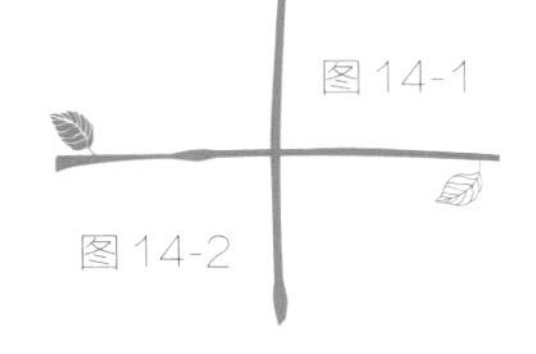
图14-1
图14-2

❷ | 将花瓣交错在正反面用烫花器圆镘烫出弧度（图14-3、图14-4）。

图14-3

图14-4

❸ | 珠子水钻用铁线穿好捆绑成簇做成花芯。将一片蓝色花瓣折叠后包裹花芯、热熔胶黏合（图14-5）。

❹ | 依次穿过蓝色和蕾丝花瓣，整理花型（图14-6）。

图14-5

图14-6

❺ | 固定别针和装饰丝带，整理造型（图14-7）。

图14-7

十五、红色方格针插

（一）材料

1. 方格针织布、格子棉布
2. 棉花适量
3. 卡纸一张

（二）步骤

❶ | 将红色方格棉布裁剪成大中小正方形，5×5cm 8片，4×4cm 12片，3×3cm 6片，如果想要花瓣层次有变化可根据需要选择花色不同的面料裁成正方形，把卡纸剪成直径6cm圆形，放上棉花，然后放上一片红色方格棉布（图15-1）。

图15-1

❷ | 将裁剪好的红色方格绒布对折成三角形，一层一层从小到大地叠加，叠加时可以将部分花瓣用反面来叠，使花瓣变化更丰富（图15-2）。

❸ | 将放置好的三角形用胶黏合固定，沿圆形卡纸将多余布料翻折到卡纸背面黏合，固定成半圆形（图15-3）。

图15-2

图15-3

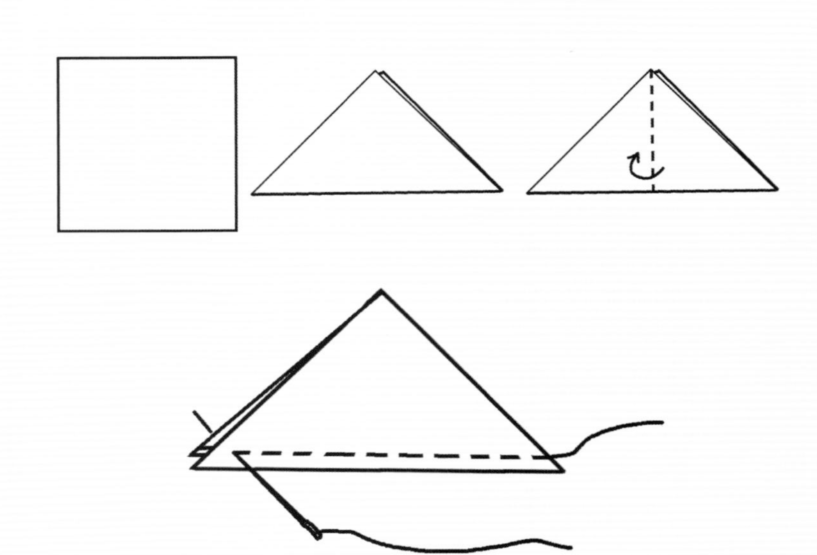

❹ | 将方格棉布裁成8cm×8cm，7cm×7cm正方形，对折成三角形两次，然后将尖角部分缝合抽紧固定做叶子（图15-4、图15-5）。

❺ | 将叶子和花朵粘合固定，整理造型（图15-6）。

十六、橘色小木棉花束

（一）材料

1. 橘色素绉缎
2. 水钻若干
3. 铁线、装饰丝带适量

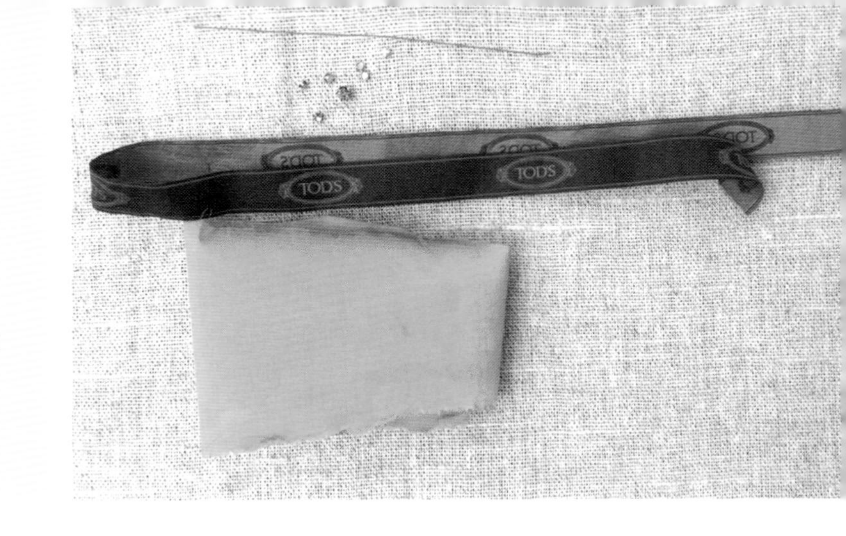

（二）步骤

❶ | 按照样板（图16-1）裁剪花瓣19片，用烫花器圆镘从花瓣反面烫压出弧度，正面在中心处压烫一下（图16-2、图16-3）。

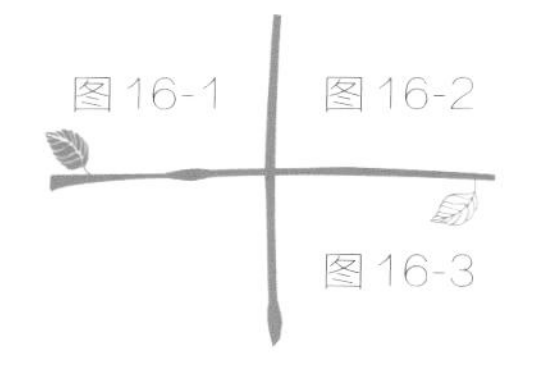

❷ | 将水钻用铁线穿好做成花芯穿过花瓣做成小花，花芯处用热熔胶固定，其中8朵做双层花瓣、3朵做单层（图16-4）。

❸ | 将所有花朵捆绑成束，整理花朵造型（图16-5）。

❹ | 固定别针和装饰丝带，整理造型（图16-6）。

图16-6

十七、海棠花束

（一）材料

1. 棉麻绸
2. 棉平绒
3. 棉布、台绢
4. 花芯适量
5. 铁线适量

图 17-1

（二）步骤

❶ | 裁剪府绸花瓣30片，棉平绒叶片6片，棉布花芯条约1×40cm，棉布花萼25片（图17-1），分别染色备用（图17-2 ~图17-4）。

图 17-2

图 17-3

图 17-4

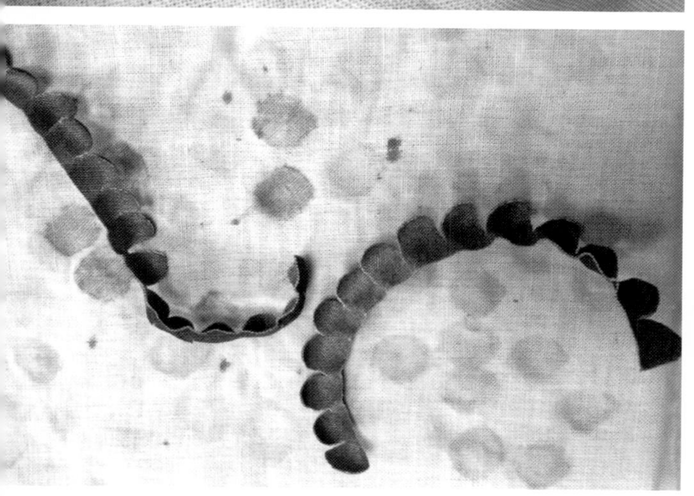

❷ | 用烫花器铃兰镘将花芯条从反面烫出弧度（图17-5、图17-6）。花瓣从正面烫出弧度。然后花瓣中心也烫压一下，用锥子戳洞（图17-7、图17-8）。

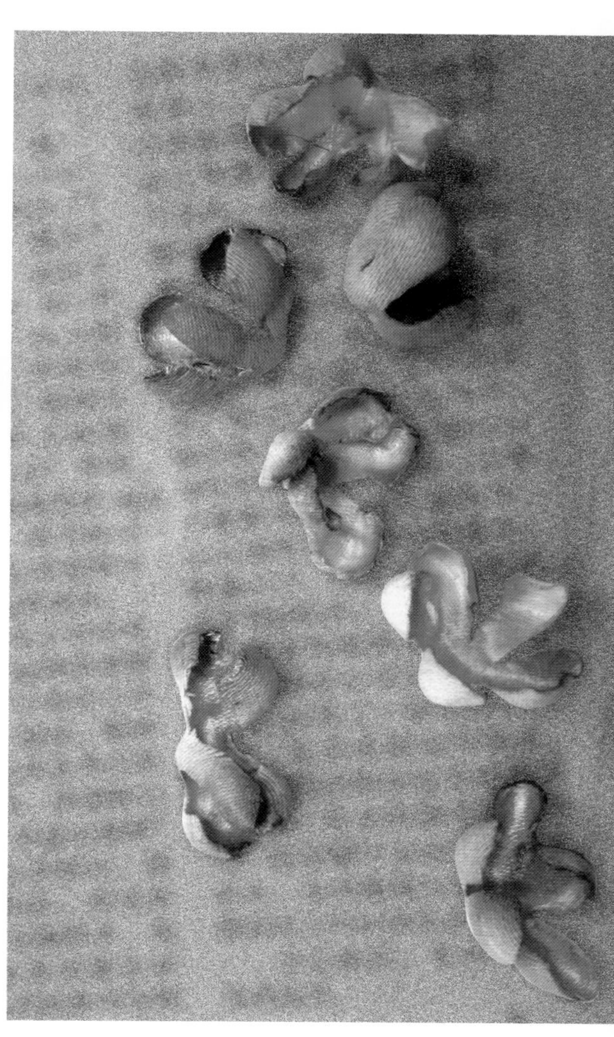

图17-5　图17-8

图17-6

图17-7

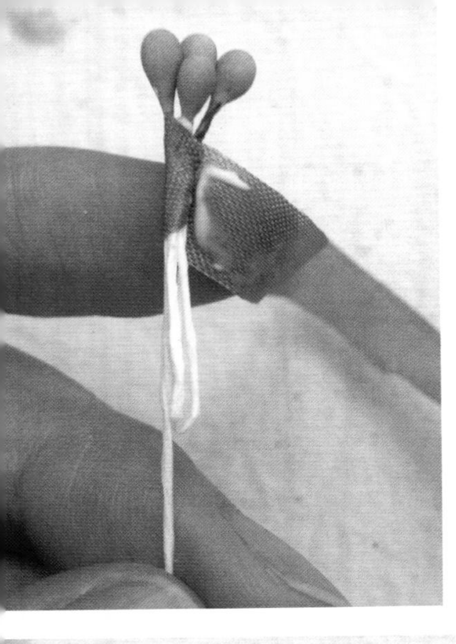

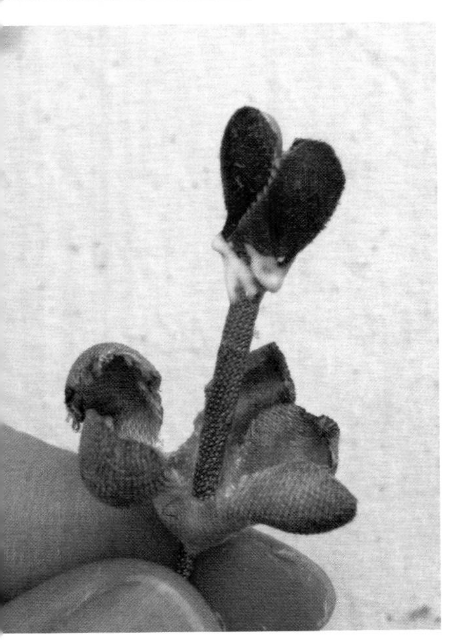

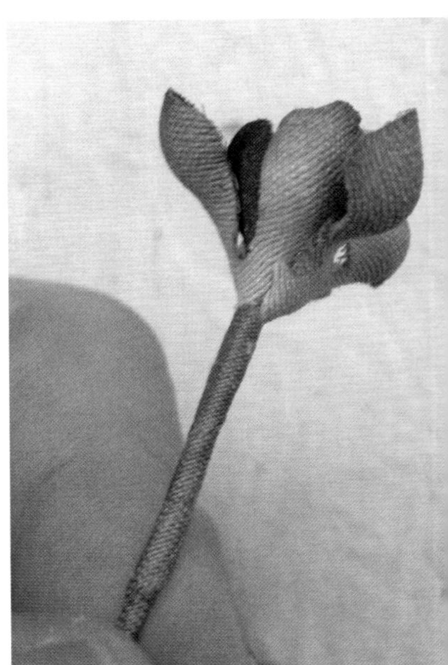

图17-9	图17-10	图17-11
图17-12	图17-13	图17-14

❸ | 将2根花芯对折与铁线黏合，用包茎布包裹铁线。剪三瓣花芯条包裹花芯、黏合（图17-9 ~图17-11）。

❹ | 将包好的花芯穿过花瓣，可根据需要将花瓣剪口，使花瓣包裹更服帖（图17-12 ~图17-14）

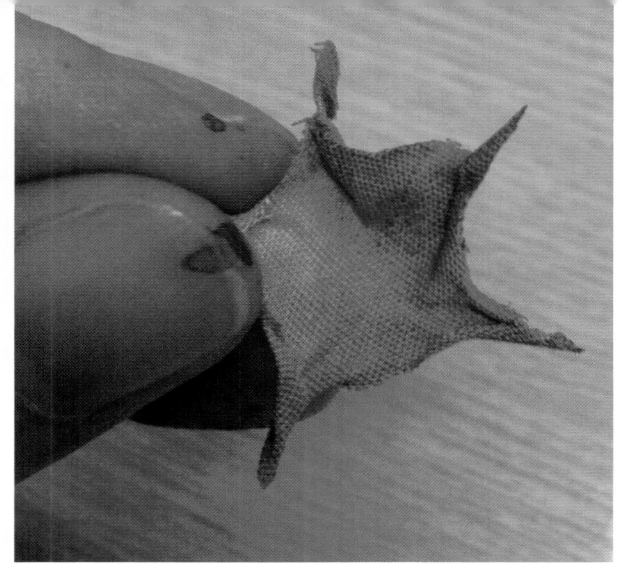

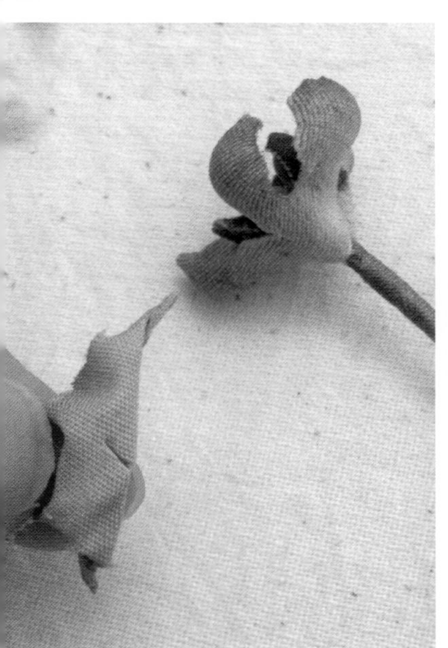

图 17-15　图 17-16
图 17-17　图 17-18　图 17-19

❺ | 把花萼边角涂胶，用手指搓捻，中心剪十字剪口，穿过花茎，与花朵黏合（图17-15 ~图17-19）。

❻ | 叶片夹铁线贴在台绢上沿边缘剪下，趁胶半干时在硬烫垫上从反面用3分圆镘滚动烫出叶片圆润的弧度，中缝烫出折痕，注意一定要在半干状态烫。用包茎布包裹铁线（图17-20）。

❼ | 将花朵和叶片组合成花束，可搭配缎带等装饰，整理造型（图17-21）。

图17-20

图17-21

十八、小蔷薇

（一）材料

1. 平纹薄棉布
2. 厚棉布
3. 八字纹棉麻
4. 台缎适量
5. 花芯适量
6. 铁线适量

（二）步骤

❶ | 裁剪花瓣：厚棉布大花瓣12片，薄棉布小花瓣20片，花芯片台缎1片，人字纹大叶片4片，小叶片2片（图18-1）。

❷ | 大花瓣染浅色，小花瓣深浅色各染一半，叶片两两配对，按对染色，台缎花芯片染深色。

❸ | 用烫花器铃兰镘在大花瓣反面从左到右烫出花瓣弧度，然后从正面靠近花芯的位置烫压（图18-2 ~图18-4）。

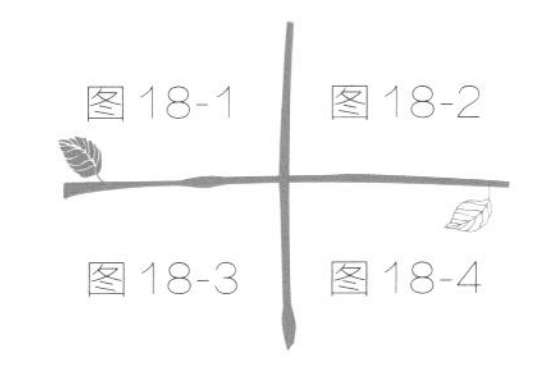

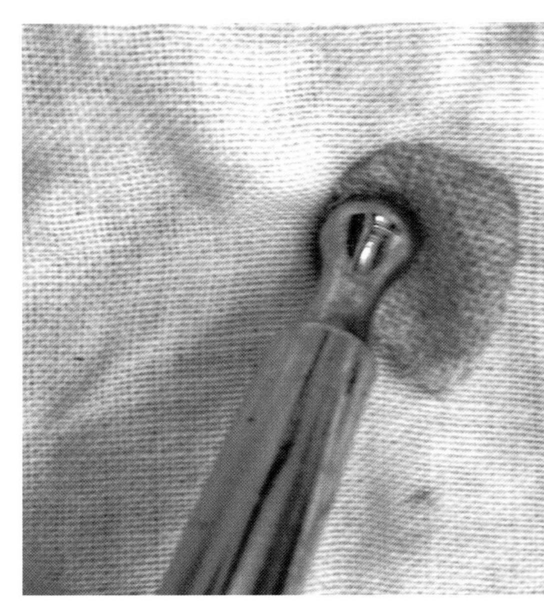

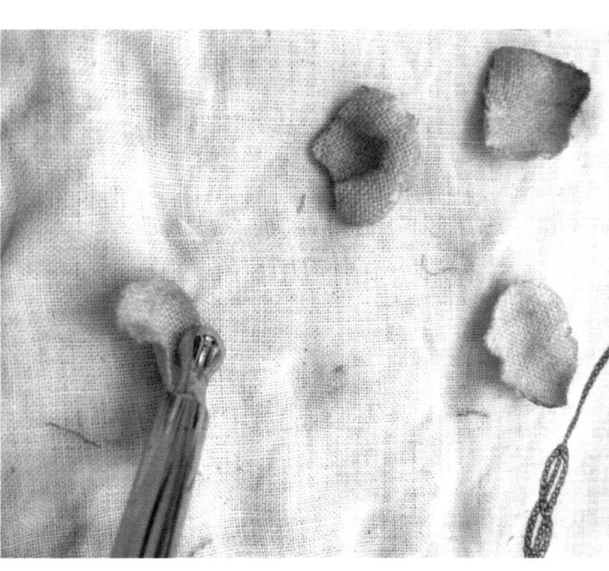

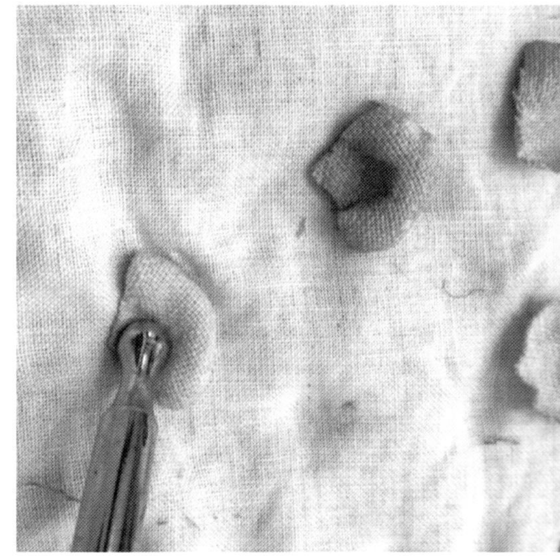

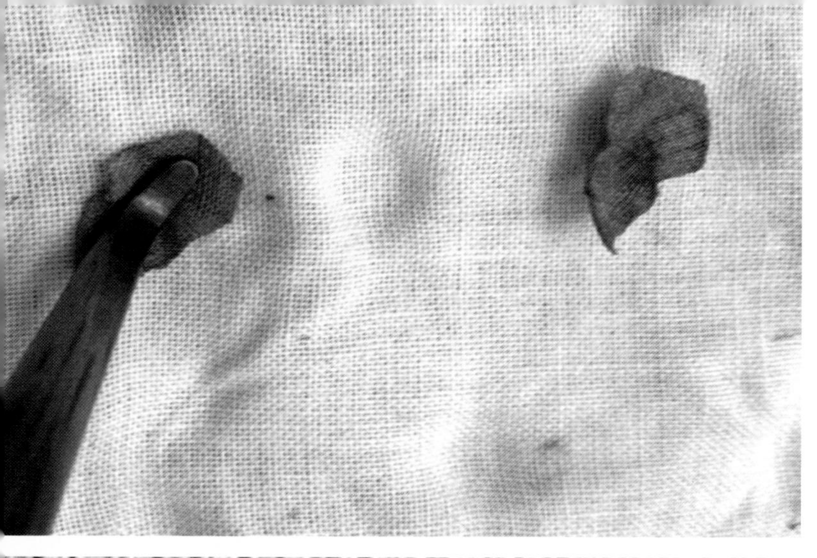

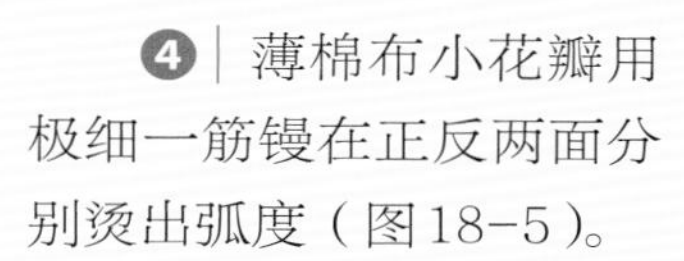

❹ | 薄棉布小花瓣用极细一筋镘在正反两面分别烫出弧度（图18-5）。

❺ | 取几根花芯用铁线捆绑成束（图18-6），用深色小花瓣逐层包裹住花芯粘和（图18-7）。

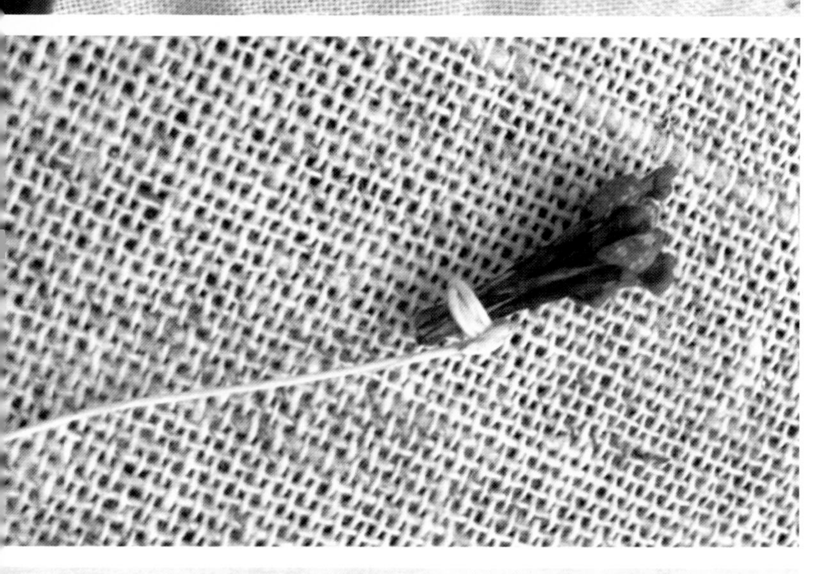

❻ | 依次把浅色小花瓣、大花瓣黏合小花瓣可以两片为一组，组成大花朵。（图18-8、图18-9）

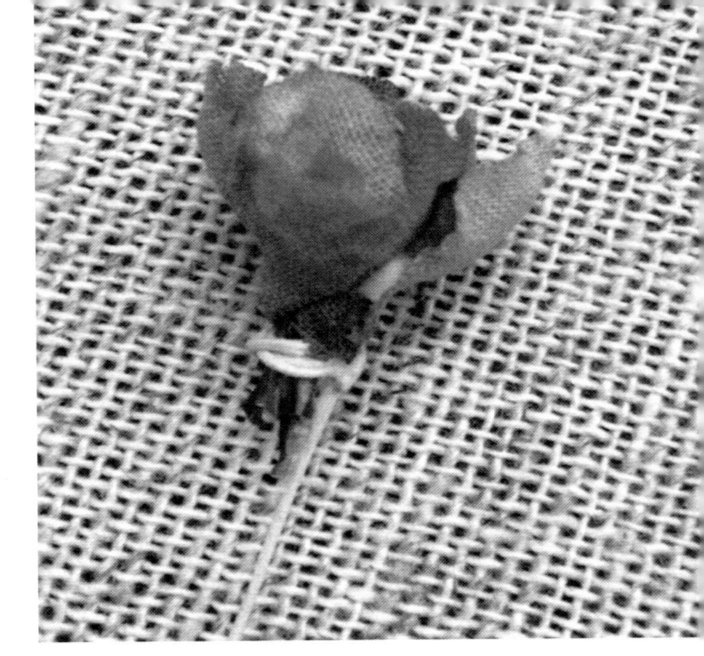

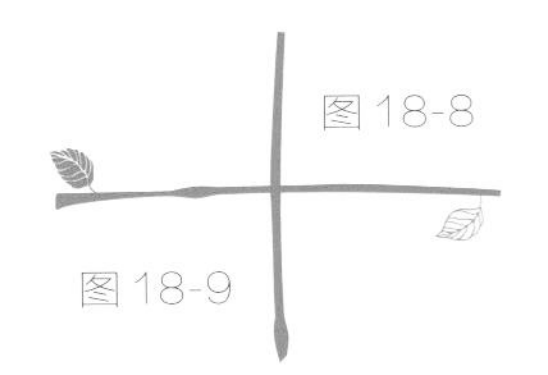

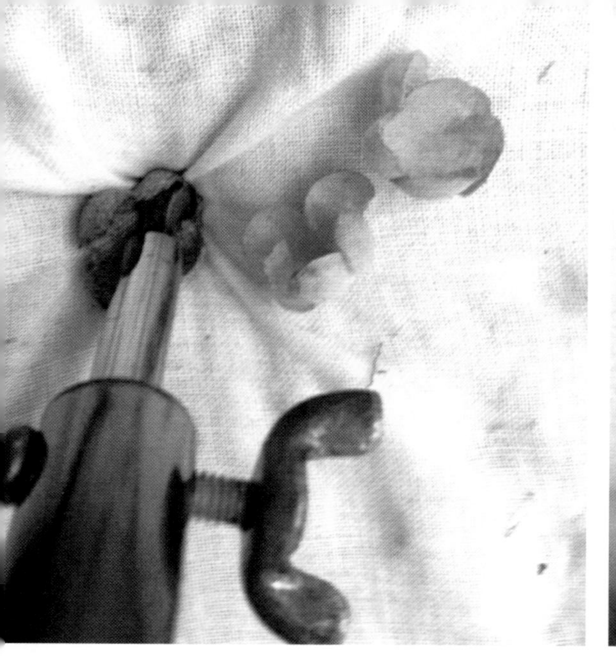

❼ | 取几根花芯用铁线捆绑，台缎花芯片用铃兰镘把每个小瓣烫出弧度（图18-10），花芯穿过花芯片（图18-11），浅色花瓣依次包裹黏合，组成小花朵（图18-12）。

图18-10 图18-11

图18-12

❽ | 叶片夹铁线两两黏合，用极细一筋镘烫出叶脉纹路，用包茎布包裹铁线（图18-13、图18-14）。

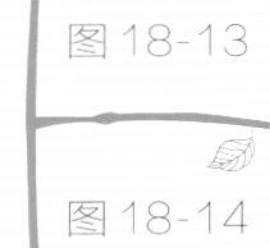

图18-13

图18-14

❾ | 将叶片和花朵组合在一起，整理造型（图18-15、图18-16）。

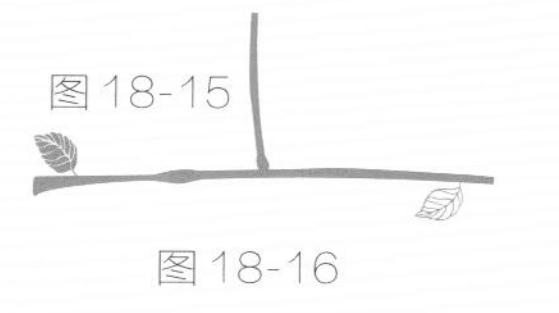

十九、日式菊花

（一）材料

1. 人字纹棉布
2. 平纹棉布
3. 花芯适量
4. 棉花适量
5. 铁线适量

图19-1

图19-2

（二）步骤

❶ 裁剪人字纹棉布大花瓣6片，小花瓣3片，叶子人字纹2片，平纹棉布6片（图19-1）。

❷ 花瓣、叶片、花芯、花芯布染色晾干，其中蓝色花4片大花瓣；红色花3片小花瓣，2片大花瓣（图19-2）。

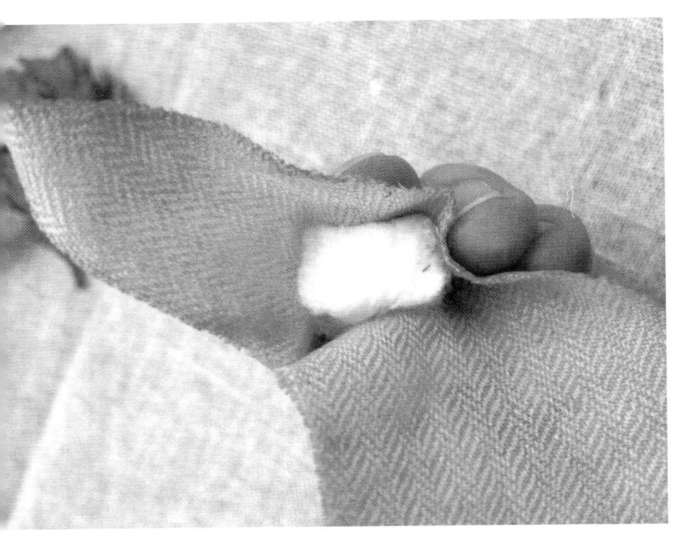

❸ | 取一小团棉花，用一小块染好的花芯布包住，底部手缝或胶水粘合起来剪掉多余部分布料（图19-3、图19-4）。取花芯若干根，用铁线捆绑成束，从中心处向外压，将包好的布花芯粘合在中心（图19-5、图19-6）。

图19-3 图19-4
图19-5 图19-6

❹ | 在软垫上以自外端向内端的方向用二筋镘烫出纹路和弧度。花瓣中心剪十字口（图19-7 ~图19-9）。

❺ | 将叶片两片一组中间夹铁线黏合，在硬烫垫上用极细一筋镘烫出叶脉纹路。将叶片组合起来，用包茎布缠绕包裹（图19-10 ~图19-13）。

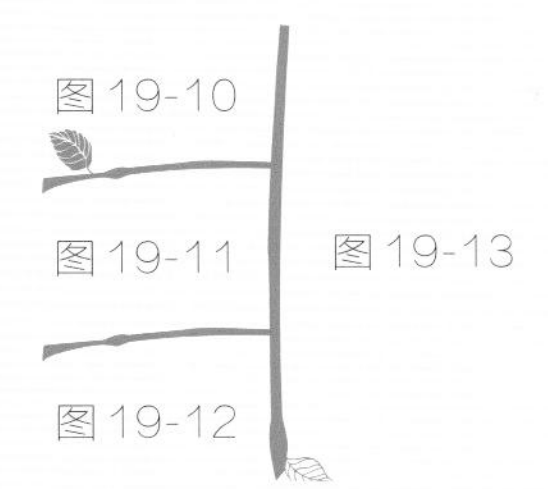

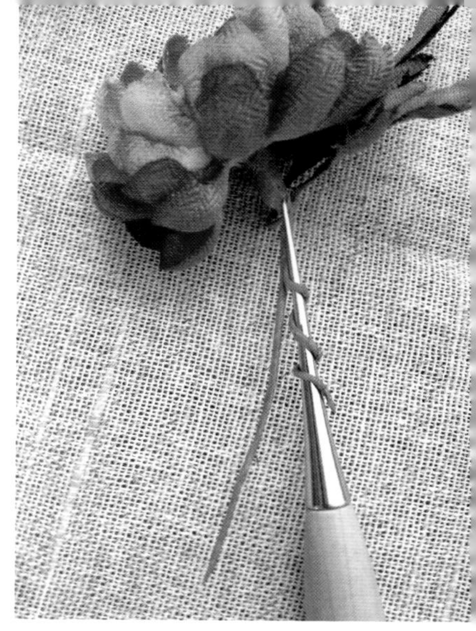

❻ | 将花芯依次穿过花瓣，组合成花，用包茎布把铁线缠绕包裹（图19-14）。

❼ | 将叶子和花朵组合在一起，部分花茎可用锥子做成卷曲效果。整理造型（图19-15 ~ 图19-17）。

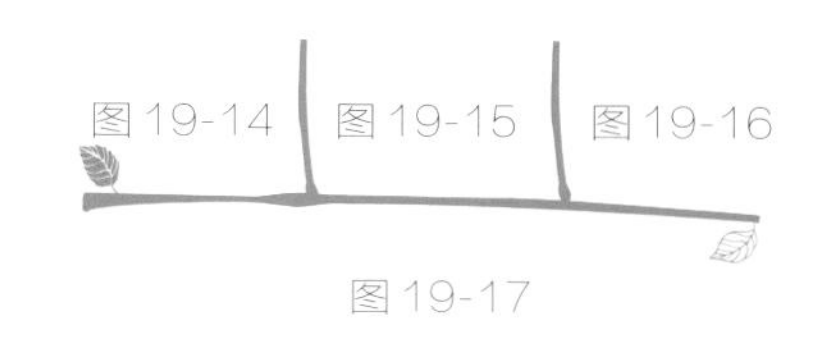

❽ | 将花朵组合成束，整理造型（图19-18）。

图19-18

三十、樱花

（一）材料

1. 薄绢、台绢
2. 平纹棉布
3. 极细花芯适量
4. 铁线、棉线适量

（二）步骤

❶ | 裁剪薄绢樱花花瓣小花瓣15片，大花瓣6片，棉布叶子9片，台绢花萼10片（图20-1）。

❷ | 将花瓣、叶片及花萼分别染色。

❸ | 将花瓣用三筋镘浅烫出纹路（图20-2），然后用极细一筋镘如图在花瓣的边缘及靠花芯端烫压出弧度（图20-3、图20-4）。

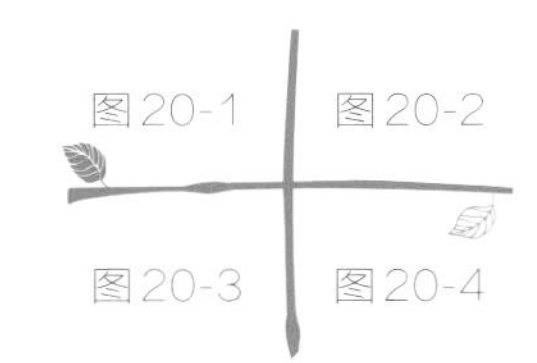

❹ | 取几节4cm左右的白棉线从中间捆绑对折，用少量白胶调上黄色，将棉线头部放在黄色胶中沾一下，晾干做成花蕊，搭配极细石膏花芯使用（图20-5 ~图20-7）。

❺ | 将石膏花芯或线做的花芯粘在铁线上，花萼用极细一筋镘烫出纹路，用花萼包裹花芯，然后分别将5片小花瓣粘在花萼上，整理花朵造型，用包茎布缠绕包裹铁线（图20-8 ~图20-10）。

图20-5	图20-6	图20-7
图20-8	图20-9	图20-10

❻ 做花苞不用花芯，直接将一片小花瓣包卷在铁线上，然后用另外1 ~ 2片小花瓣包裹成花苞，最后用花萼包裹住花苞根部，包茎布包裹铁线（图20-11、图20-12）。做重瓣樱花，将花芯粘好铁线直接穿过两层大花瓣，粘合整理造型，也可先做一个花苞，将花苞穿过一片大花瓣粘合，做出半开花效果。

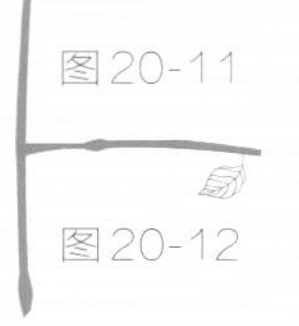

图20-11

图20-12

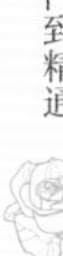

❼ | 将叶片按斜丝方向夹铁线贴在台绢上，按叶片边缘剪下，用极细一筋镘烫出叶脉，然后用台绢包茎布缠绕叶柄（图20-13、图20-14）。

图20-13

图20-14

❽ | 将花朵和叶片捆绑成束，包茎布包裹花茎，整理造型，花束里面最好要有未开、半开、盛开等各种状态的花朵，效果会更加生动（图20-15、图20-16）。

图20-15
图20-16

二十一、紫阳花

（一）材料

1. 电力纺
2. 台绢
3. 斜茎套管
4. 花芯适量
5. 铁线、包茎纸适量

（二）步骤

❶ | 裁剪电力纺大花瓣20片，台绢小花瓣20片（图21-1），花瓣和花芯分别染色晾干。

❷ | 大花瓣背面呈十字形夹铁线粘合在染好色的台绢上（图21-2 ~图21-4），沿花瓣边缘分别剪下。

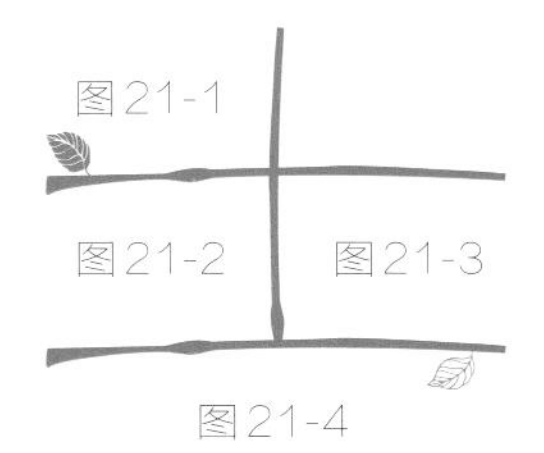

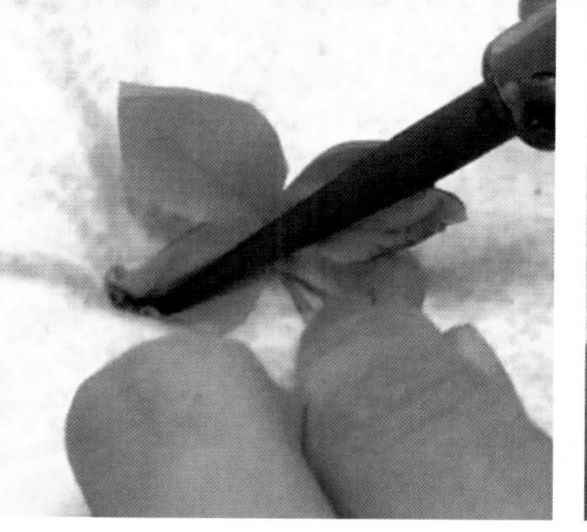

❸ | 用极细一筋镘在软垫上将大花瓣的每小瓣上左右一正一反烫出弧度，然后正面沿铁线在中心压出十字纹路。小花瓣用同样的方法烫（图21-5 ~图21-9）。

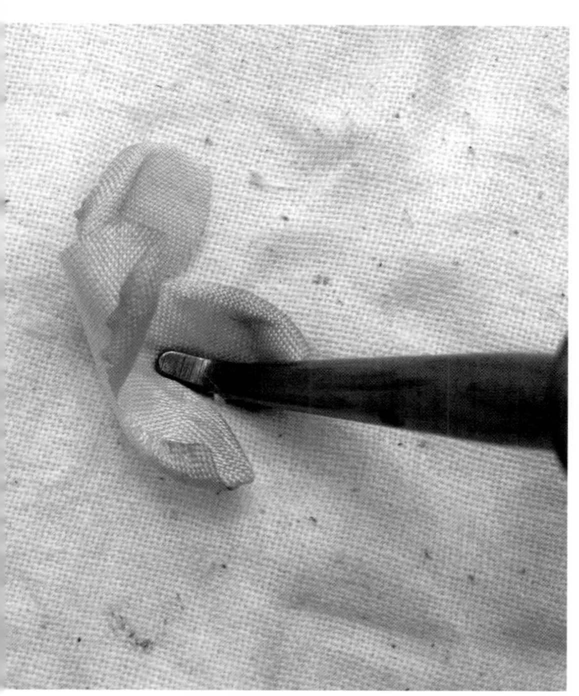

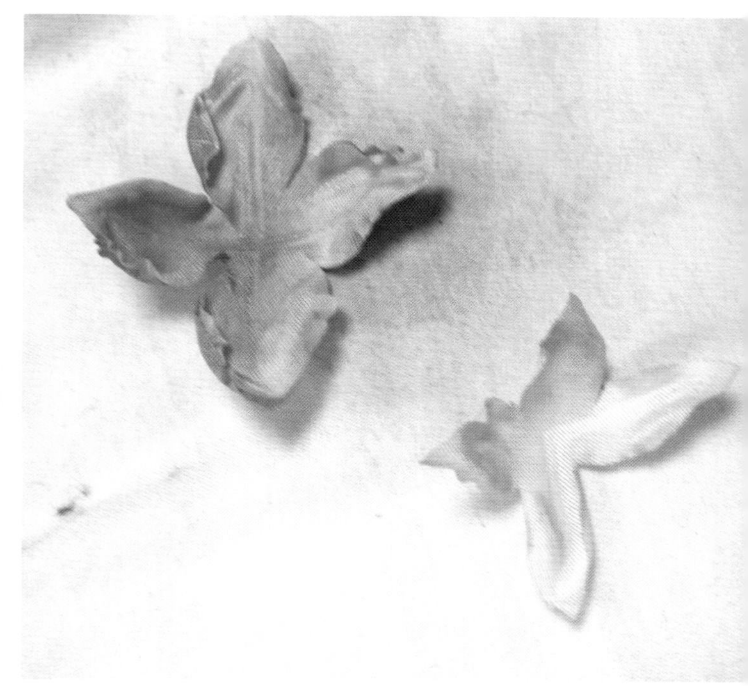

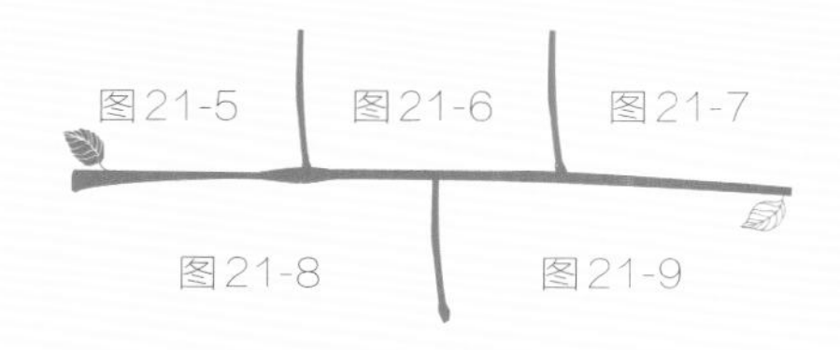

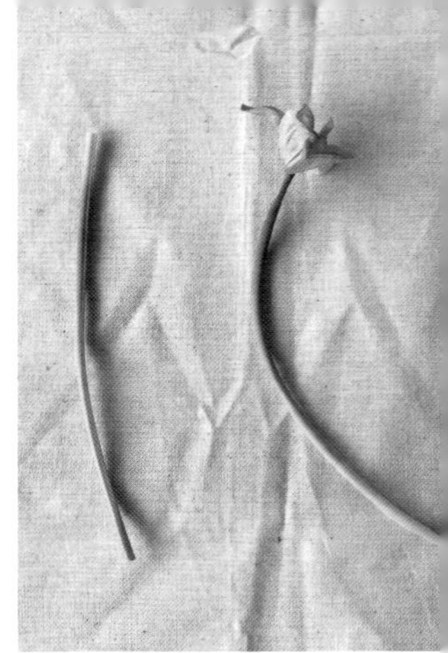

❹ | 将4 ~ 5根花芯和铁线粘在一起用包茎纸缠绕包裹。花瓣中心戳洞，将花芯根部涂胶依次穿过小花瓣、大花瓣，整理造型（图21-10）。

❺ | 将铁线涂胶，把染好色的斜茎管套在铁线外黏合包裹花茎（图21-11 ~ 图21-13）。

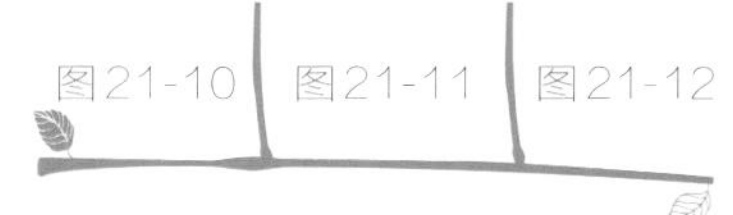

❻ | 组合花束时可单独成束也可作为配花搭配玫瑰蔷薇等其他花朵做成花束、花环等（图21-14、图21-15）。

图21-14

图21-15

二十二、铃兰花束

（一）材料

1. 素绉缎
2. 薄棉布
3. 花芯适量
4. 铁线、包茎布适量

（二）步骤

❶ | 裁剪素绉缎铃兰花瓣50片，叶片5片，分别染色（图22-1）。

❷ | 用铃兰镘在软垫上压烫出杯状花型。烫时可轻轻地用滚的方式让花肚部分更圆润，中心用锥子戳洞（图22-2 ~ 图22-4）。

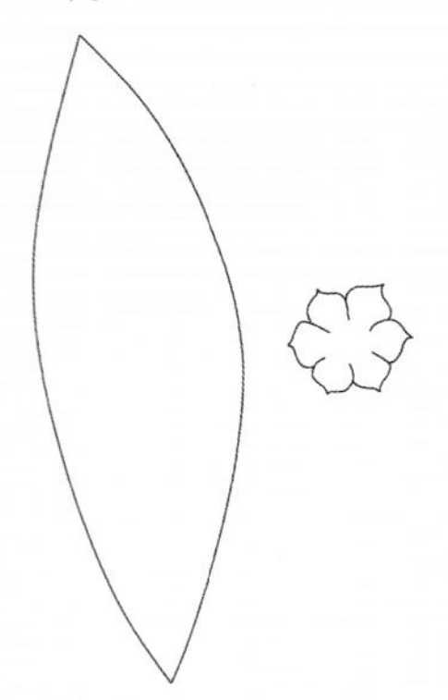

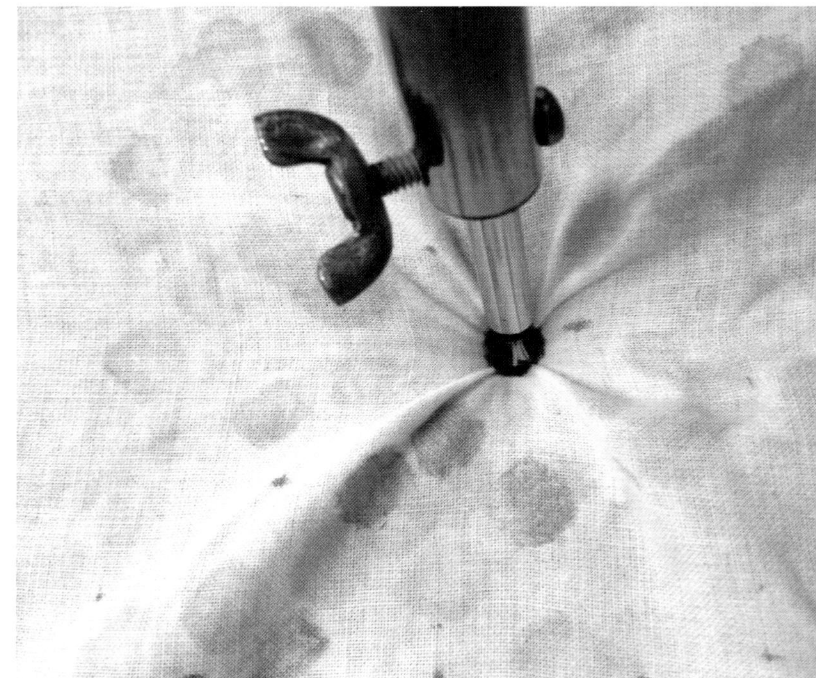

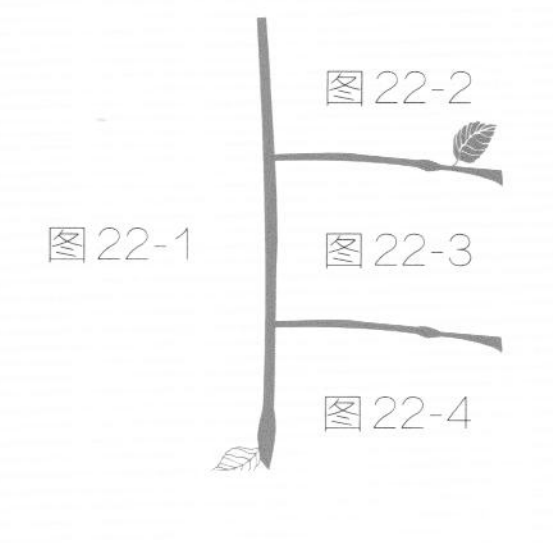

❸ | 把花芯和铁线粘在一起（图22-5），铁线穿过花瓣组成花头（图22-6）。

❹ | 用包茎布或包茎纸将每5 ~ 6只花头组合成一支花串（图22-7）。

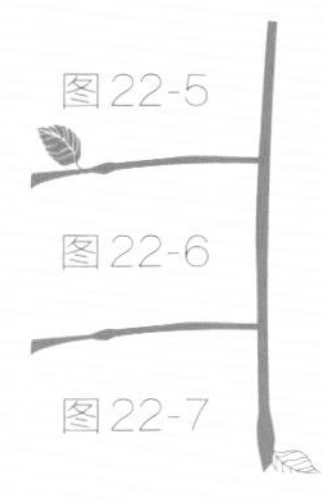

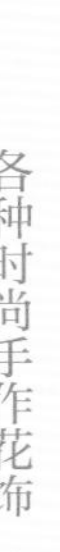

❺ | 将叶片夹铁线贴在薄棉布上剪下（图22-8），从叶片正反面交替用刀镘烫压出叶脉纹路（图22-9、图22-10）。

图22-8

图22-9

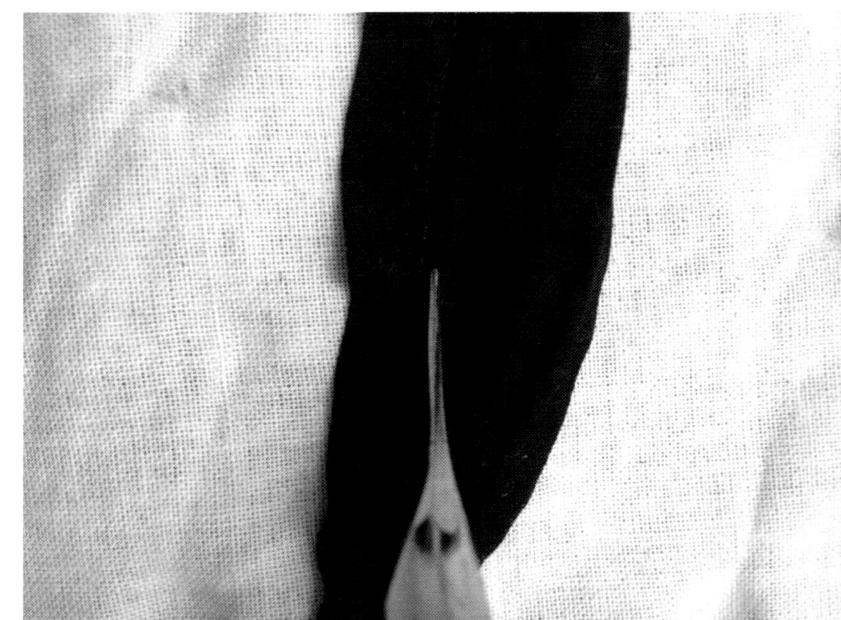

图22-10

❻ | 将花串错落组成花束（图22-11），然后和叶子组合在一起，可搭配缎带或蕾丝，整理花束造型（图22-12）。

图22-11

图22-12

二十三、球形玫瑰

（一）材料

1. 麻面料
2. 素绉缎
3. 台绢
4. 铁线适量
5. 棉花适量

（二）步骤

❶ 裁剪麻料大花瓣46片，小花瓣38片，素绉缎大叶片3片，小叶片2片，花萼2片（图23-1）。

❷ 将花瓣、叶片、花萼染成想要的颜色，放在报纸上晾干备用（图23-2）。

❸ 8分球镘在烫枕上左右两点烫后横向来回烫几下。花瓣要烫出圆润的弧度，开始烫时可以先将花瓣横向轻拉着烫（图23-3、图23-4）。

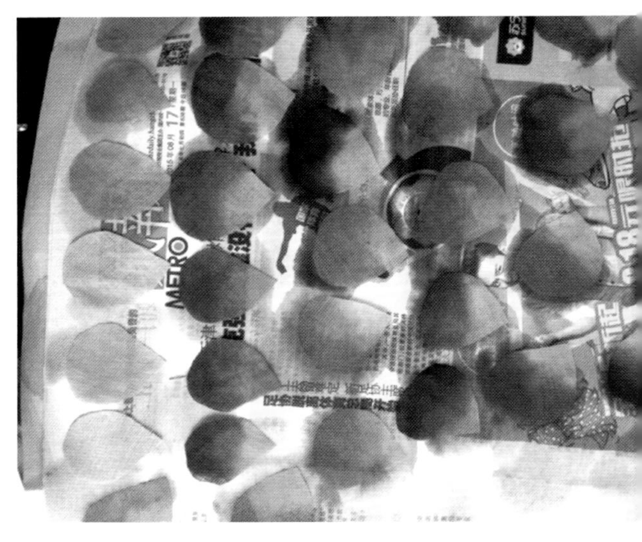

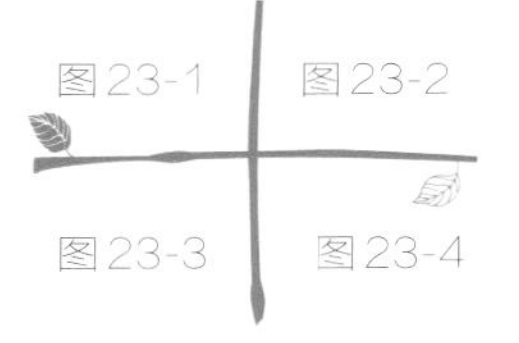

图23-1 图23-2
图23-3 图23-4

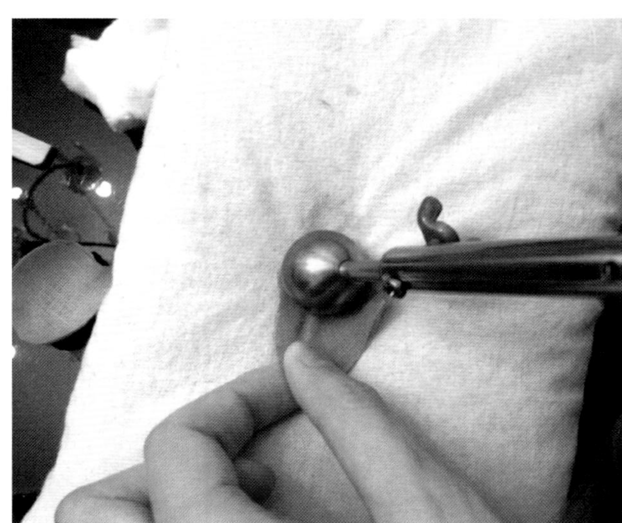

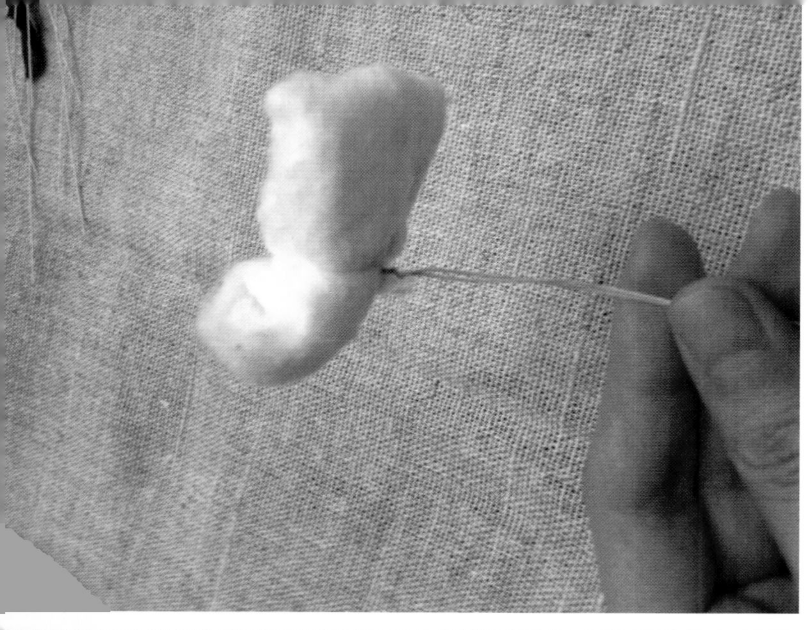

❹ | 用铁线对折拉紧捆住一段脱脂棉，整理棉花成水滴形状，整理中需要适量涂胶黏合及固定形状，棉花球更做得饱满些（图23-5 ～图23-7）。

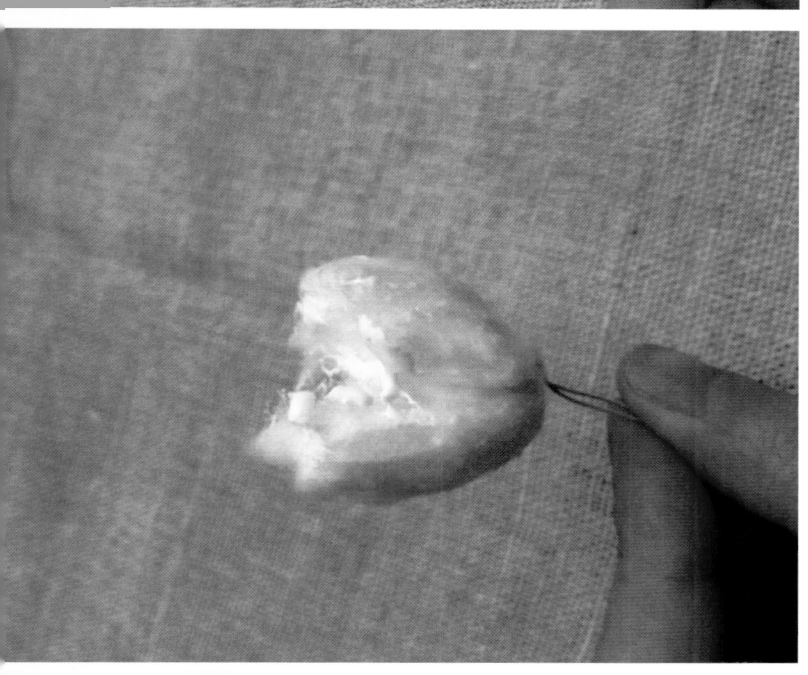

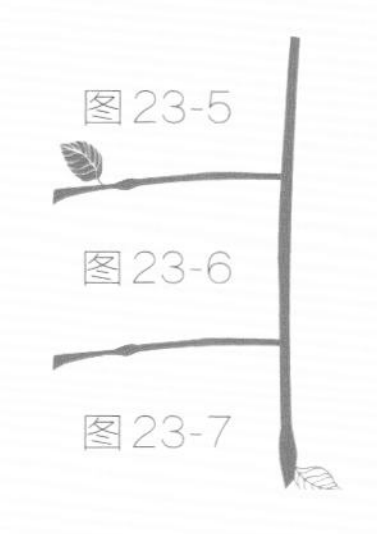

❺｜给花瓣赋予表情（自然中的花瓣每一片都有不同的卷曲、不同的弧度，就如同人有丰富的表情，因此花瓣烫好后还需要手工在其边缘搓揉出不同的微妙翻卷弧度，称之为花瓣的表情）：将烫好的花瓣边缘涂少量胶，用手指搓捻出向外翻卷的形状。花瓣揉表情是为了让花瓣效果更逼真，所以尽量搓揉的自然些，不要每片都一样（图23-8、图23-9）。

❻｜花瓣大致分成一多一少两份，一份做大花，一份做小花。先做大花，将小花瓣两片一组从内而外，由小到大依次包裹住棉花花芯，开始的花芯部分要包紧一些，不然成花后容易松动，造型不美观（图23-10 ~ 图23-

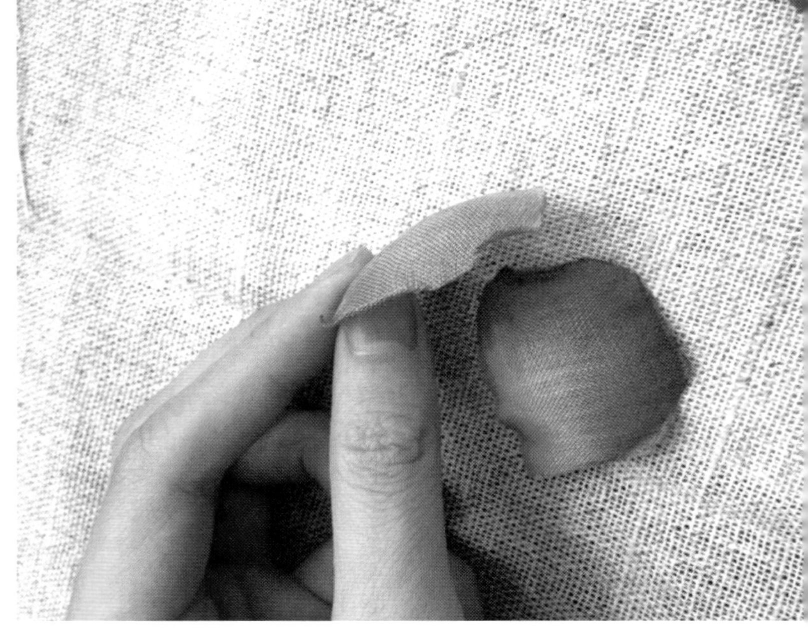

13）。花芯包裹2 ~ 3层后要根据花苞形状在外面再次包裹棉花，以使花型更圆更饱满（图23-14、图23-15）。再包裹几层小花瓣后，将大花瓣依次包裹在外层，组合成完整的花朵（图23-16 ~ 图23-18）。最后将花萼片中心戳孔穿过铁线贴在花朵底部。剩下的花瓣用同样方法做小花（图23-19）。

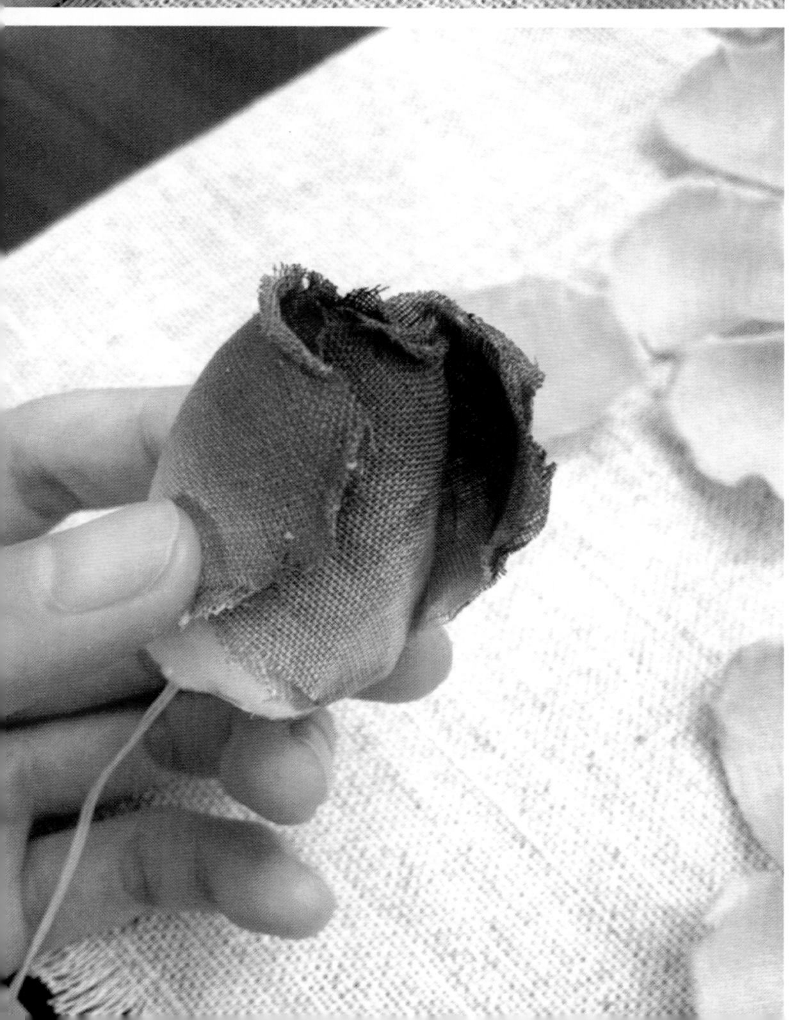

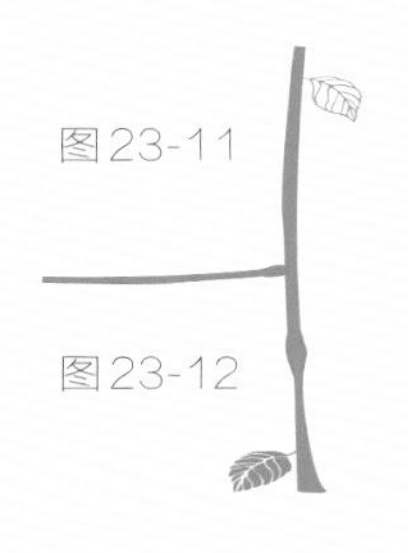

图23-11

图23-12

图23-13　图23-14

图23-15　图23-16

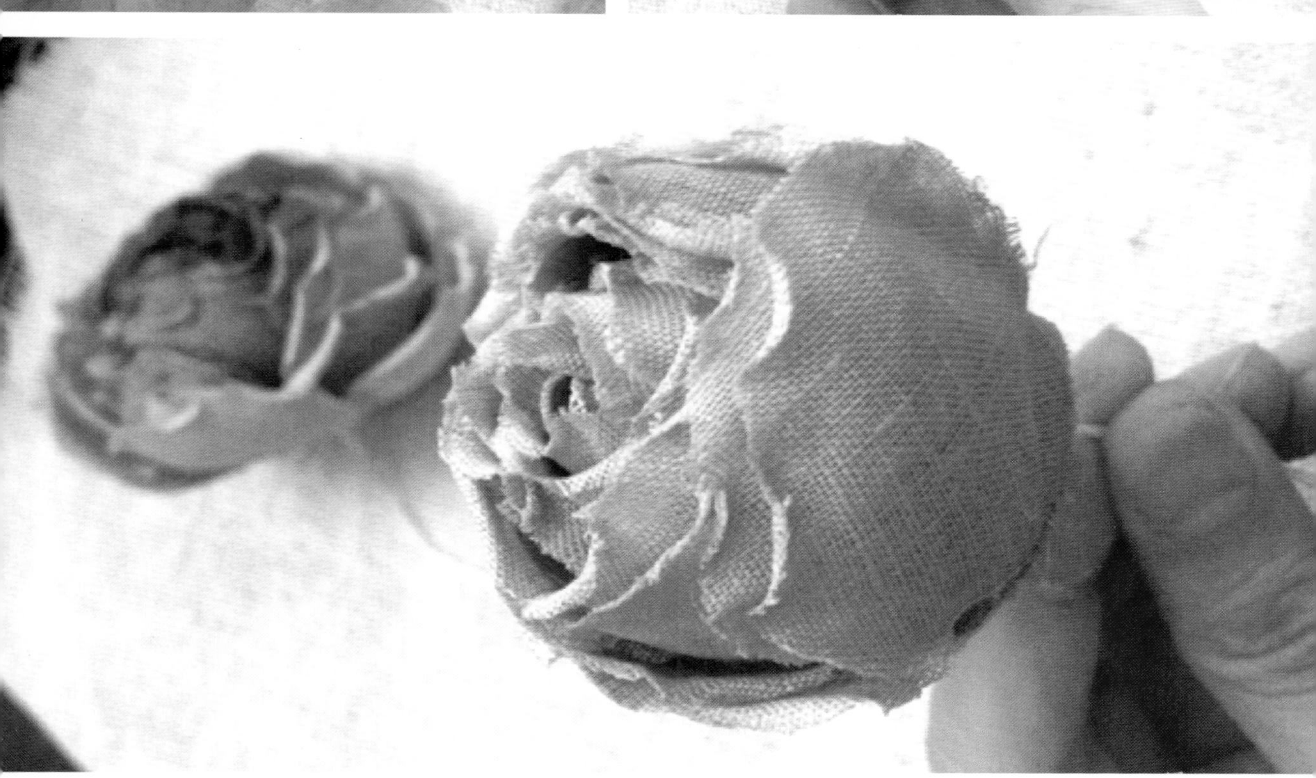

注意：此例中花朵的花瓣并未夹铁线，是直接涂胶黏合的，实际操作中也可先将花瓣两片一组中间夹铁线后再组合。组合花瓣时可根据自己想要的花期状态调整，花瓣摆放的高度，如花苞一般可外层高于内层，呈包裹状，花由盛转衰期则可内高外低，或基本在同一高度。

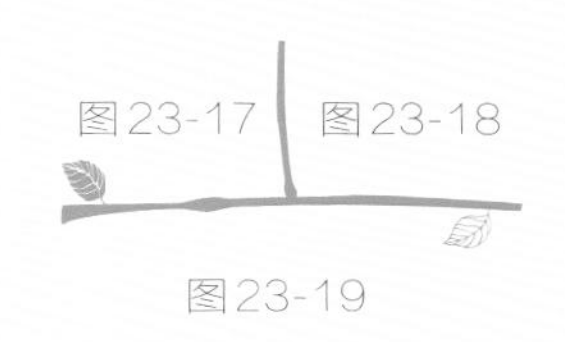

❼ | 将叶片夹铁线贴在台绢上剪下（图23-20），晾至半干时用手拧扭出形状，晾干后展开（图23-21、图23-22）。用包茎布将铁线缠绕包裹，边裹边加入叶片，将叶片每2 ~ 3片为一组，组合成叶子（图23-23、图23-24）。

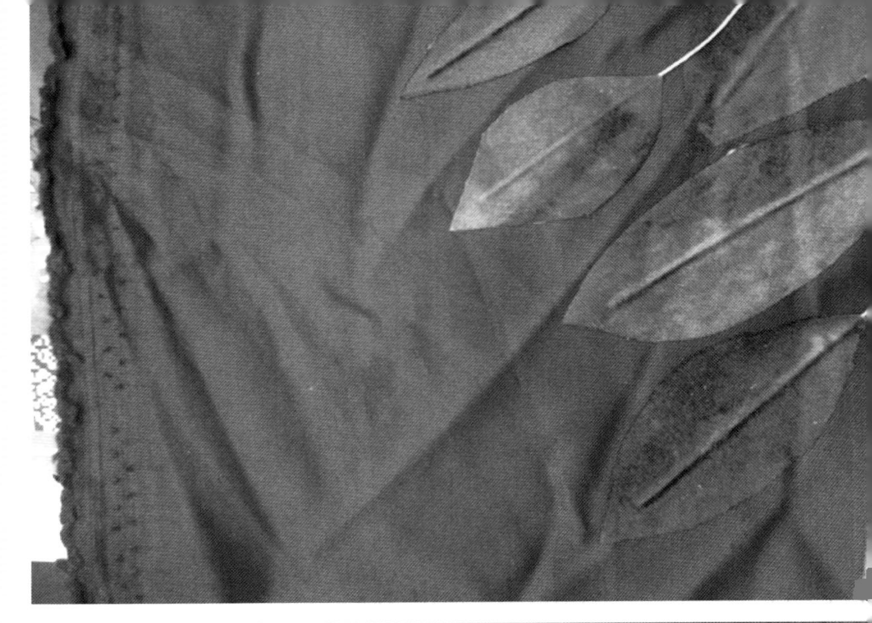

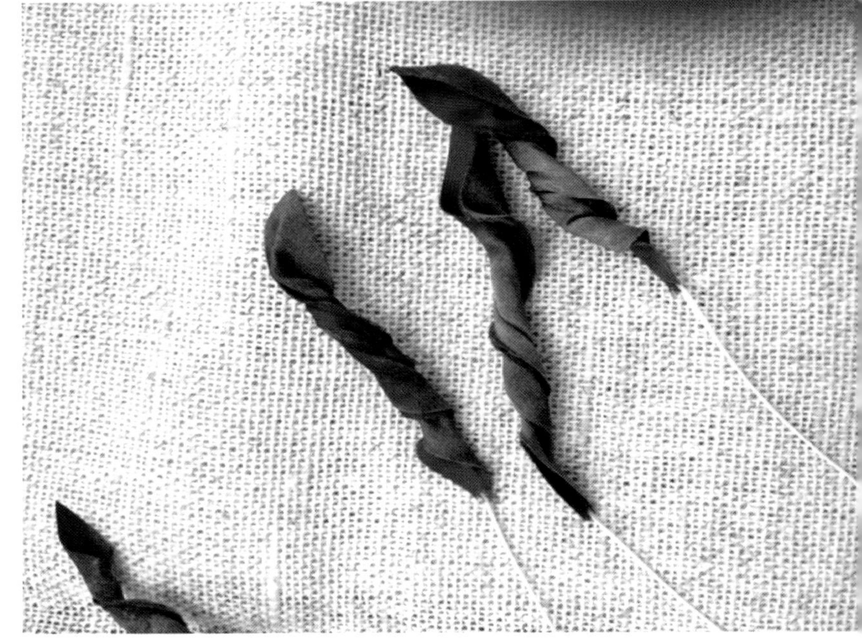

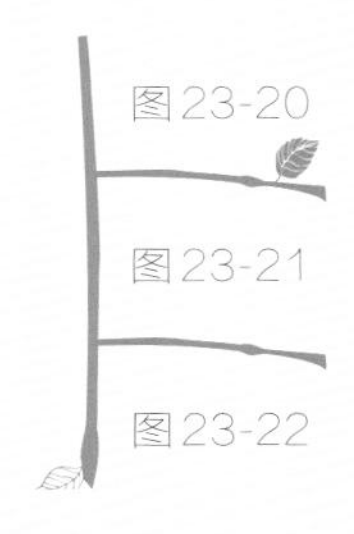

图23-20

图23-21

图23-22

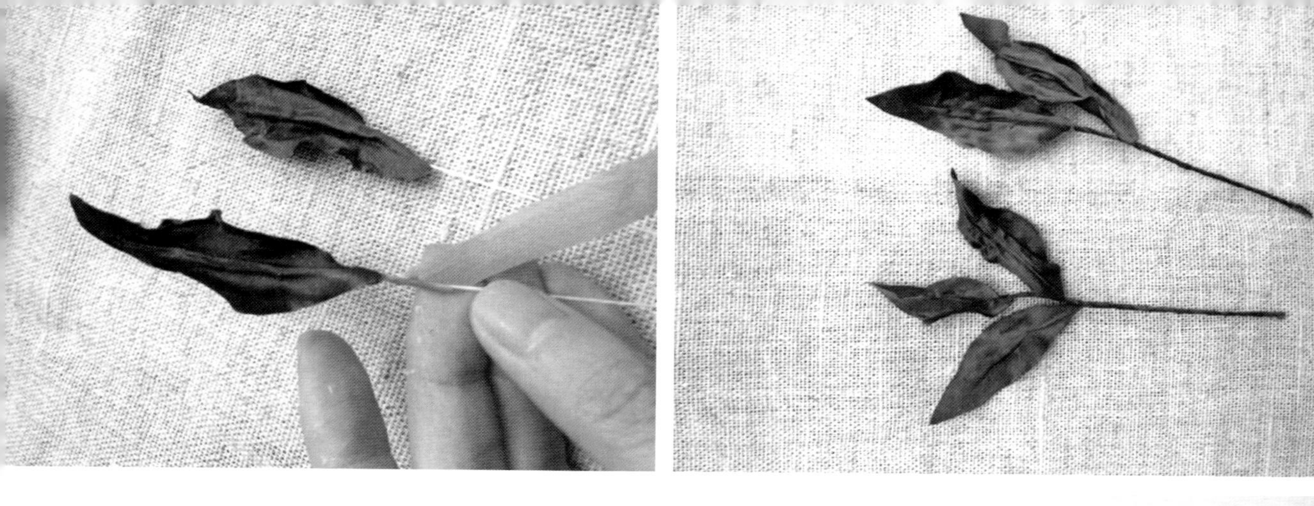

❽ | 将花朵和叶子组合在一起，整理造型（图23-25）。

图23-23 图23-24

图23-25

二十四、迷你芍药挂饰

（一）材料

1. 平纹薄棉布
2. 真丝乔其
3. 电力纺
4. 素绉缎
5. 花芯、铁线适量
6. 水钻、亚克力、丝带适量

（二）步骤

❶ 裁剪芍药大花瓣薄棉布20片，中花瓣20片，小花瓣30片；菊花大花瓣乔其2片、薄棉布1片，小花瓣薄棉布5片；电力纺紫阳花瓣大小各1片；小配花素绉缎、乔其花瓣若干，分别染色晾干（图24-1）。

❷ 分别将芍药小花瓣、中花瓣在软垫上用极细一筋镘纵向烫出弧度，每2片一组一起烫，注意烫时一侧正面烫一下、另一侧在反面烫，使花瓣弧度更鲜活（图24-2 ~图24-4）。

图24-1

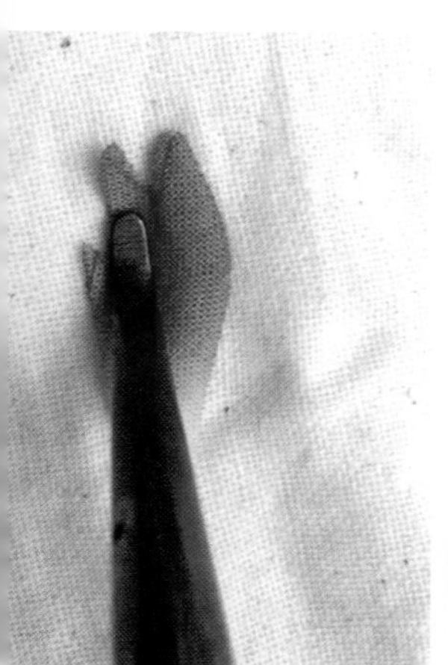

图24-2

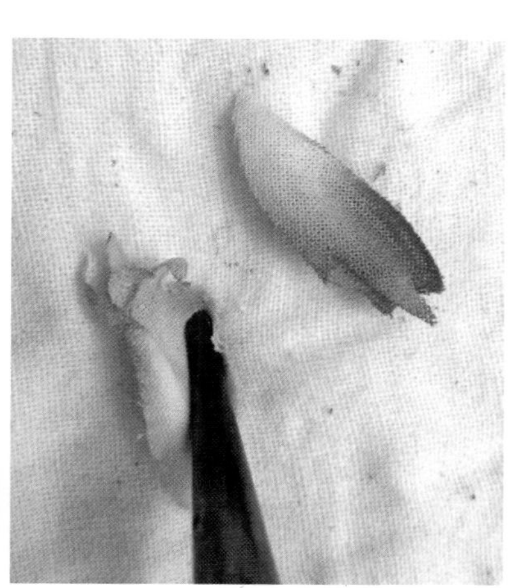

图24-3

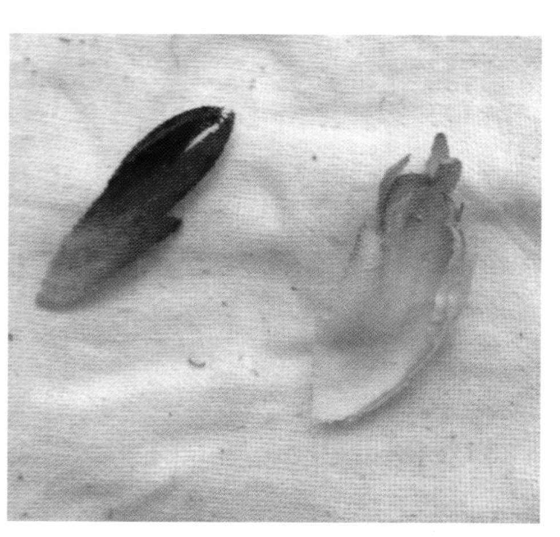

图24-4

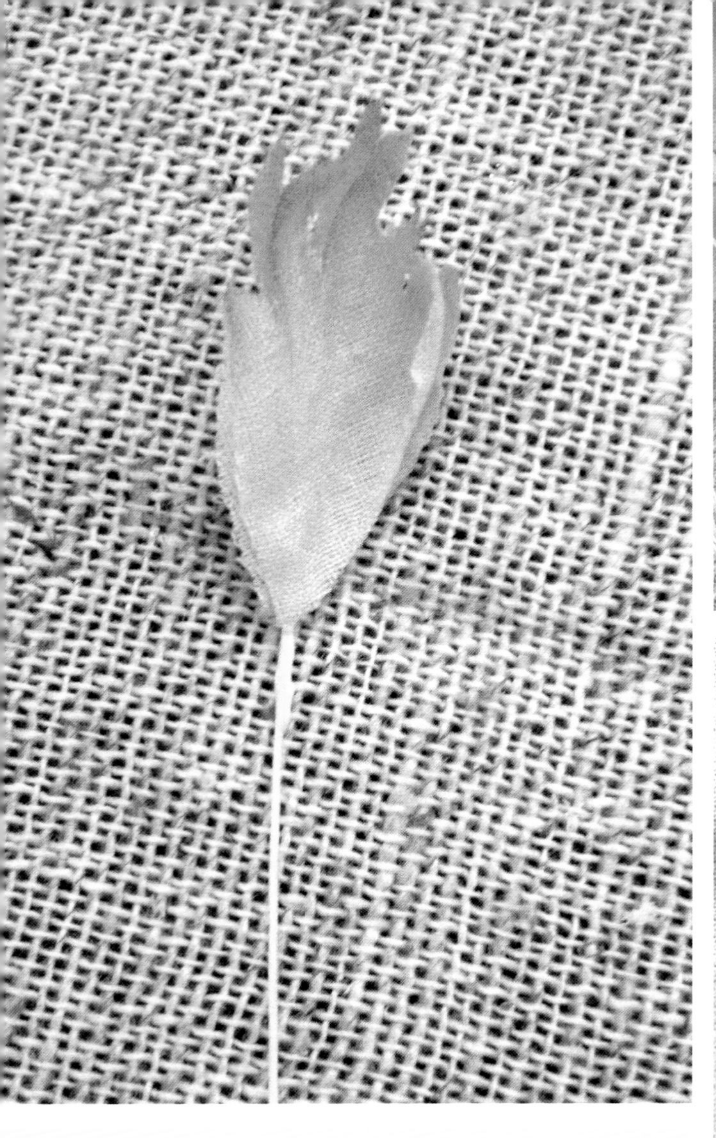

❸ | 将烫好的小花瓣2片中间夹铁线黏合，中花瓣同样方法夹铁线（图24-5、图24-6）。

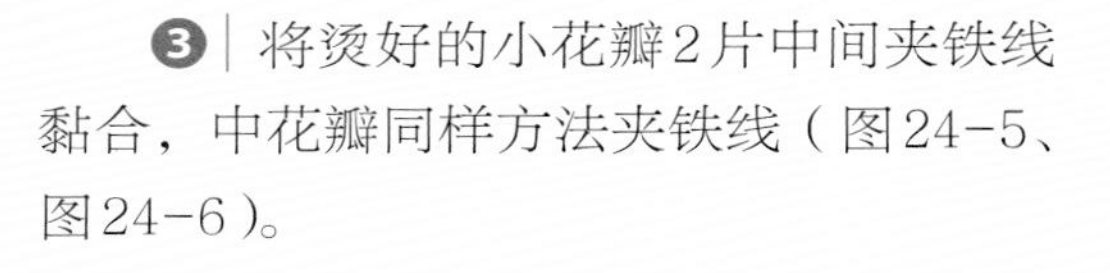

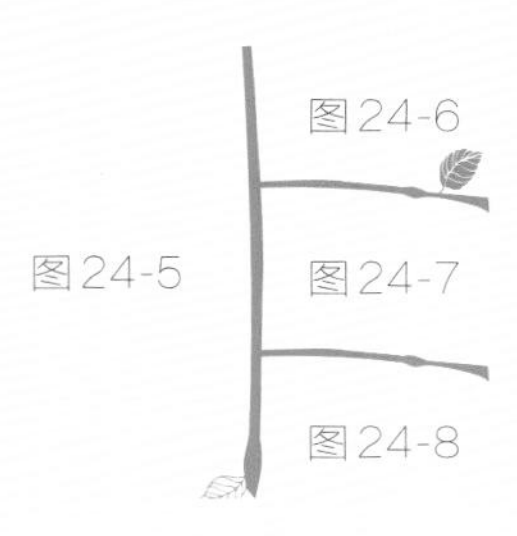

❹ | 用球镘如图中方法在软烫垫或烫枕上左右滚动烫出芍药大花瓣的弧度，两片一组一起烫，最后在靠近花芯端烫压一下（图24-7、图24-8）。烫好后的花瓣两片中间夹铁线，然后边缘涂少量胶，用手指向外搓捻给花瓣揉表情（图24-9、图24-10）。

❺ | 将芍药小花瓣、中花瓣根部涂少量胶，每2 ~ 3根组成一簇，然后按照色彩和花芯生长结构组成束捆绑在一起（图24-11、图24-12）。

❻ | 将芍药大花瓣依次包裹在刚才做好的花瓣束外面，组成花朵形状。用包茎纸或包茎布将铁线缠绕包裹（图24-13 ~图24-15）。

图24-13

图24-14

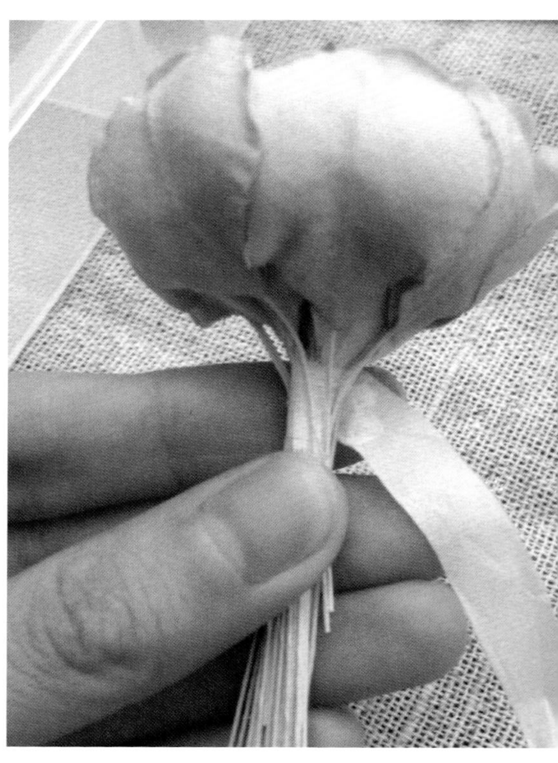

图24-15

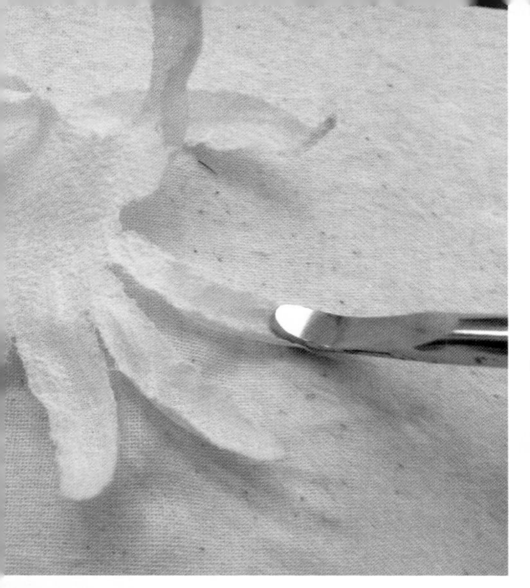

❼ | 用一筋镘在软烫垫上烫出菊花花瓣弧度。最后将中心处重压一下（图24-16 ~图24-18）。

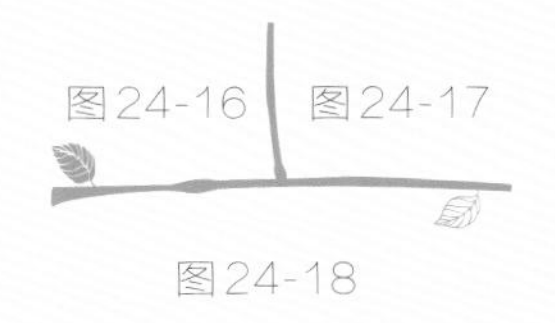

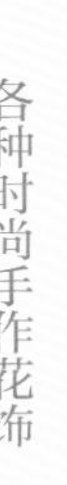

❽ | 菊花小花瓣单片对叠涂胶夹铁线卷起使花瓣成簇状，大花瓣留1片乔其花瓣不卷（图24-19、图24-20）。

图24-19

图24-20

❾ 将菊花瓣束捆绑成束，注意要错落有致，最后用乔其菊花大花瓣覆盖在最上面，可根据需要将花瓣剪口（图24-21、图24-22）。

图24-21

图24-22

⑩ 将花芯穿过小配花花瓣，涂胶固定（图24-23～图24-25）。

图24-23

图24-24

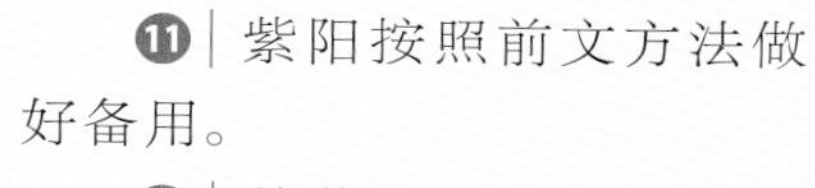

⑪ | 紫阳按照前文方法做好备用。

⑫ | 将芍药、菊花、紫阳、小配花全部组合在一起，多余的铁线部分剪掉或盘起来，穿上缎带，用配花黏合遮挡芍药和菊花根部，注意组合要错落有致，可以点缀少量水钻或亚克力做装饰。整理花束造型（图24-26、图24-27）。

图24-25

图24-26

图24-27